职业教育食品类、餐饮类专业系列教材
省级特色课程配套教材

食品工艺

主 审 谢志全 洪妈愿
主 编 卢云真

电子工业出版社
Publishing House of Electronics Industry
北京·BEIJING

内 容 简 介

本书收集了食品工艺方面的新技术、新方法和新工艺，并结合编者的教学与生产实践，根据职业教育教学特点和规律分成四大模块介绍了食品工艺，分别为烘焙类食品的制作工艺、果蔬类食品的制作工艺、饮料类食品的制作工艺和畜禽类食品的制作工艺。各模块分别讲解了各类食品的基础知识和加工方法，并选取了 50 多种典型食品制作的实操案例，以产品为导向，以职业技能和职业素养的培养为主旨，附有详细的制作步骤，图文并茂，易懂易学。

本书既可作为中高职院校食品加工技术、食品烘焙技术、西点制作等食品类、餐饮类专业教学用书，也可作为食品、餐饮行业专业技术人员的参考用书。

未经许可，不得以任何方式复制或抄袭本书之部分或全部内容。
版权所有，侵权必究。

图书在版编目（CIP）数据

食品工艺 / 卢云真主编. —北京：电子工业出版社，2023.6
ISBN 978-7-121-45707-4
Ⅰ. ①食… Ⅱ. ①卢… Ⅲ. ①食品工艺学—高等职业教育—教材 Ⅳ. ①TS201.1
中国国家版本馆 CIP 数据核字（2023）第 098596 号

责任编辑：王志宇
印　　刷：河北虎彩印刷有限公司
装　　订：河北虎彩印刷有限公司
出版发行：电子工业出版社
　　　　　北京市海淀区万寿路 173 信箱　邮编　100036
开　　本：880×1 230　1/16　印张：12.25　字数：274.4 千字
版　　次：2023 年 6 月第 1 版
印　　次：2025 年 8 月第 4 次印刷
定　　价：49.50 元

凡所购买电子工业出版社图书有缺损问题，请向购买书店调换。若书店售缺，请与本社发行部联系，联系及邮购电话：（010）88254888，88258888。
质量投诉请发邮件至 zlts@phei.com.cn，盗版侵权举报请发邮件至 dbqq@phei.com.cn。
本书咨询联系方式：（010）88254523，wangzy@phei.com.cn。

PREFACE 前言

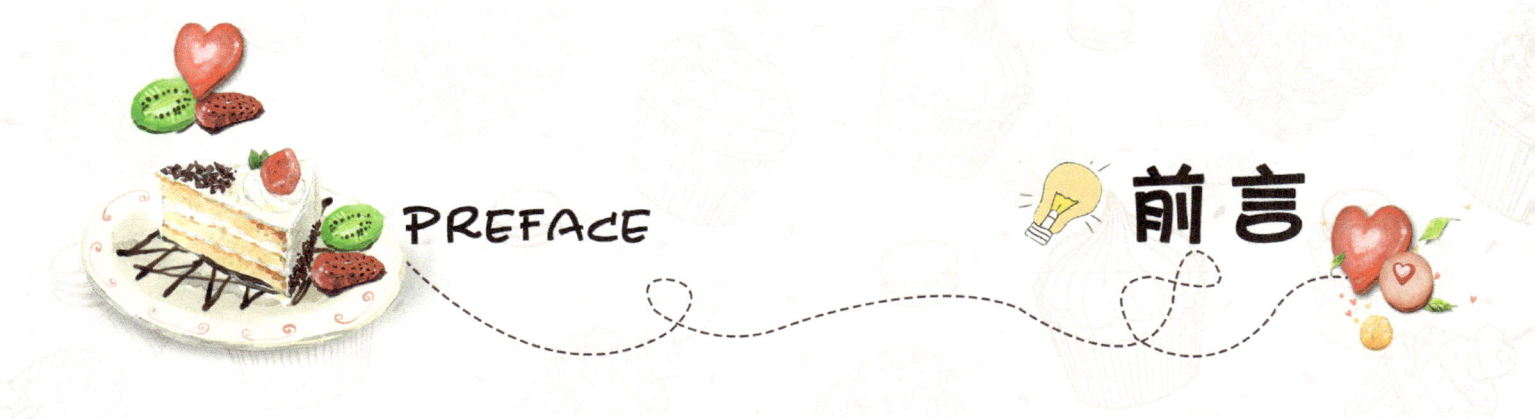

在我国大力发展职业教育的今天，深化职业院校课程体系和教学内容体系的改革与创新，是实现人才培养目标的核心内容。《食品工艺》是食品相关专业的核心课程，本书对接职业岗位的标准，力求适应行业需求，内容以"必需、够用、实用"为主，同时兼顾理论知识的实用性和技能的可操作性，在课程内容中落实立德树人的根本任务，职教特色鲜明。

本书收集了食品工艺方面的新技术、新方法和新工艺，并结合编者的教学与生产实践，在结构体系上，根据职业教育教学特点和规律，本书分成四大模块，分别为烘焙类食品的制作工艺、果蔬类食品的制作工艺、饮料类食品的制作工艺和畜禽类食品的制作工艺。各模块分别讲解了各类食品的基础知识和加工方法，并选取了50多种典型食品制作的实操案例，以产品为导向，以职业技能和职业素养的培养为主旨，附有详细的制作步骤，图文并茂，易懂易学。每个任务都配有相应的习题，从而实现理实一体化教学的实施。学生通过完成各项工作任务，达到知行合一，提高学生的自主学习能力和职业素质。

本书由谢志全、洪妈愿担任主审，卢云真担任主编，蔡良根、钟建业担任副主编。编写分工如下：模块一、模块四主要由卢云真编写，并负责整本书的统稿；模块二主要由钟建业编写；模块三主要由蔡良根编写；倪辉、黄茂坤也参与了本书部分内容的整理、编写。

本书既可作为中高职院校食品加工技术、食品烘焙技术、西点制作等食品类、餐饮类专业教学用书，也可作为食品、餐饮行业专业技术人员的参考用书。

在编写过程中，得到了有关中高职院校老师和企业、行业人员的大力支持和帮助，在此谨致诚挚的谢意！参考了大量国内同行的论著及网上资料，材料来源未能一一注明，在此向原作者表示诚挚的感谢！由于时间紧、编者水平有限，教材中难免有疏漏之处，希望读者多提宝贵意见。

编 者

目录 CONTENTS

模块一　烘焙类食品的制作工艺 / 001

项目一　烘焙类食品基础知识的认知 / 002
  任务一　烘焙常用设备的认知 / 002
  任务二　烘焙常用工具的认知 / 005
  任务三　烘焙原辅材料的认知 / 009

项目二　月饼的制作 / 017
  任务一　月饼知识的认知 / 017
  任务二　广式月饼的制作 / 020
  任务三　苏式月饼的制作 / 021
  实操案例 / 023

项目三　西饼的制作 / 028
  任务一　西饼的认知 / 028
  任务二　混酥类点心的制作 / 029
  任务三　清酥类点心的制作 / 031
  实操案例 / 034

项目四　蛋糕的制作 / 042
  任务一　蛋糕的认知 / 042
  任务二　慕斯蛋糕的制作 / 046
  任务三　裱花蛋糕的制作 / 050
  任务四　芝士蛋糕的制作 / 054
  实操案例 / 057

项目五　面包的制作 / 078
  任务一　面包的认知 / 078
  任务二　软质面包的制作 / 079
  任务三　硬质面包的制作 / 086
  任务四　起酥面包的制作 / 088
  实操案例 / 089

项目六　甜点的制作 / 099
  任务一　甜点的认知 / 099
  任务二　泡芙的制作 / 101
  实操案例 / 102

知识小练 / 109

模块二　果蔬类食品的制作工艺 / 112

项目一　果蔬类食品基础知识的认知 / 113
  任务一　果蔬类食品的分类 / 113
  任务二　果蔬加工原料的要求
     与预处理 / 115

项目二　常见果蔬类食品的制作 / 116
  任务一　果蔬干制品的制作 / 116
  任务二　果蔬糖制品的制作 / 117
  任务三　果蔬罐头制品的制作 / 120

食品工艺

任务四　果蔬速冻制品的制作 / 122

实操案例 / 123

知识小练 / 130

模块三　饮料类食品的制作工艺 / 131

项目一　饮料类食品基础知识的认知 / 132

　　任务一　饮料的分类 / 132

　　任务二　饮料制作的主要原辅料 / 133

项目二　常见饮料类食品的制作 / 135

　　任务一　碳酸饮料的制作 / 135

　　任务二　果蔬汁饮料的制作 / 137

　　任务三　茶饮料的制作 / 141

　　任务四　酒精饮料的制作 / 142

　　实操案例 / 143

知识小练 / 148

模块四　畜禽类食品的制作工艺 / 149

项目一　畜禽类食品基础知识的认知 / 150

　　任务一　畜禽类食品的分类 / 150

　　任务二　火腿制品的认知 / 158

项目二　常见肉制品的制作 / 160

　　任务一　腊肠的制作 / 160

　　任务二　酱汁肉的制作 / 161

　　任务三　叉烧肉的制作 / 162

　　任务四　肉松的制作 / 163

　　任务五　红肠的制作 / 164

　　任务六　火腿的制作 / 166

　　实操案例 / 167

项目三　常见乳制品的制作 / 178

　　任务一　乳制品的认知 / 178

　　任务二　乳制品的制作 / 181

　　实操案例 / 185

知识小练 / 187

参考文献 / 188

VI

模块一
烘焙类食品的制作工艺

项目一　烘焙类食品基础知识的认知

烘焙类食品从广义上讲，泛指用面粉及各种粮食与多种辅料相调配，经过发酵或直接用高温焙烤、油炸作为熟制方法制作而成的色、香、味、形、质俱佳的固态方便食品，如饼干、面包、蛋糕、糕点、月饼、方便面和膨化食品等。烘焙类食品从狭义上讲，多数属于西式面点，如西饼、面包、蛋糕和甜点等。

任务一　烘焙常用设备的认知

烘焙设备主要包括烘烤设备、面团调制设备、成型设备、恒温设备和辅助设备等。烘烤设备主要指各式烤炉，面团调制设备包括搅拌机、和面机等，成型设备包括面团分割机、面团滚圆机、开酥机、整型机、切片机等，恒温设备包括醒发箱和电冰箱（柜）等。

一、烤炉

烤炉又称烤箱，是生产烘焙食品的关键设备之一。面团成型后经过烘烤、成熟上色后便制成成品。烤炉的样式很多，根据热来源分为电烤炉（见图1-1）和煤气烤炉（见图1-2）两大类；根据烘烤原理分为对流式和辐射式两种；根据构造分为隔层式烤炉、隧道平台式烤炉、链条传递式烤炉和立体旋转式烤炉等。

目前，国内通常使用的电烤炉是双层或三层隔层式电烤炉。这种烤炉每一层都是一个独立的工作单元，可分别控制每层的上火和下火温度，由外壳、电炉丝（红外线管）、热能控制开关和炉内温度指示器等主要部件组成。高级的电烤炉，还配有喷水蒸气、定时器和报警器等设施。电烤炉的工作原理，主要是通过炉膛内红外线辐射能、热空气的对流和钢板的热能传导三种热传递方式将食品烘烤上色。在烘焙食品时，一般要将烤炉上、下火打开预热到炉内温度适宜时，再将成型的食品放入烘烤。

图1-1　电烤炉　　　　　　　　　　　　图1-2　煤气烤炉

二、和面机

和面机是用来调制筋性面团的专用设备。将面团所需的各种原辅料依次倒入搅拌缸内，开动搅拌器，控制搅拌速度，快速有效地将各种材料混合均匀，先形成不规则的小面团，进而形成大面团，经过搅拌器的剪切、折叠、压延、拉伸、拌打和摔揉，将面团面筋搅拌至扩展阶段，可制成具有弹性、韧性和延伸性的理想面团。

常见的和面机有立式和面机（见图1-3）和卧式和面机（见图1-4）两种。

图1-3　立式和面机　　　　　　　　　　图1-4　卧式和面机

三、搅拌机

搅拌机（见图1-5）可用于鸡蛋、奶油等黏稠性浆液的搅打或面团的制作。它装有不同形状的搅拌器，有三种旋转速度可调节，用于搅打不同种类的产品。第一种是钩状搅拌器，主要用于筋性面包的搅拌；第二种是浆状搅拌器，主要用于面糊或馅料的搅拌；第三种是球状搅拌器，主要用于蛋白霜的打发搅拌。搅拌机的工作原理是通过搅拌器的高速旋转，使缸内的物料充分接触，从而实现对物料的均匀混合、乳化和充气等作用。

四、面团分割机

面团分割机（见图1-6）的主要作用是能自动而精确地将发酵面团按照它的体积分割成一定大小的面团。在分割过程中，分割速度对面团和机器都有影响，如果分割速度太慢，面团发黏易被夹住，而且温度容易上升，导致产品品质不规则；如果分割速度太快，不但机器

寿命减短，而且还会破坏面团组织结构。

图 1-5　搅拌机

图 1-6　面团分割机

五、面团滚圆机

面团滚圆机的主要作用是将由分割机分割出来的面团进一步滚转成外观整齐、表面平滑、形状和密度一致的小圆球。经分割机分割的面团，由于受机械的挤压作用，外观形态不整，通过滚圆机可使切割后的面团表面光滑。面团滚圆机有直筒滚圆机（见图 1-7）和锥型滚圆机（见图 1-8）两种。

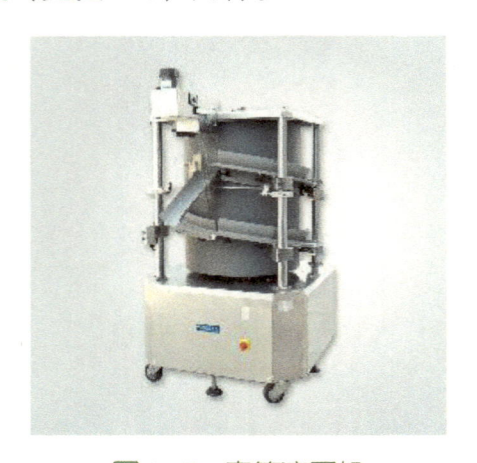

图 1-7　直筒滚圆机

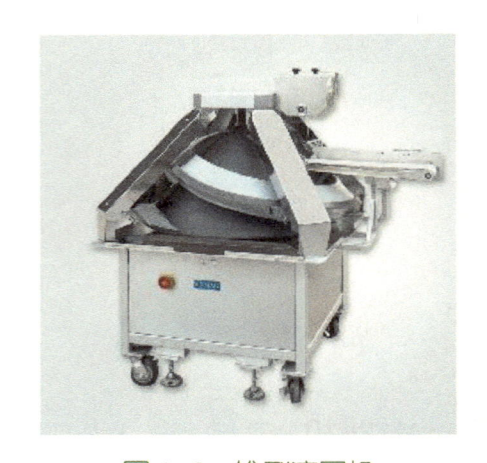

图 1-8　锥型滚圆机

六、开酥机

开酥机的主要作用是将面团轧成多层的薄片，使面皮酥软均匀，用于制作丹麦酥性面包、酥皮糕点等的面皮。

七、整型机

整型机主要是指面包连续成型机，用于将定量面团制成面包生坯。常见的有吐司整型机（见图 1-9）和法棍整型机（见图 1-10）。

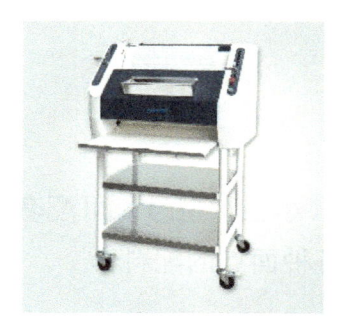

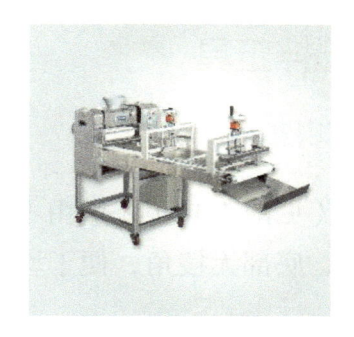

图 1-9　吐司整型机　　　　　　　　图 1-10　法棍整型机

八、醒发箱

醒发箱（见图 1-11）是可调节温度和湿度，用于面团发酵的设备。醒发箱的工作原理是通过电炉丝将水槽内的水加热蒸发形成蒸汽，使面团在一定的温度和空气相对湿度下充分发酵。醒发箱的基本结构由不锈钢管及金属线支撑架组成，四周用钢架固定。温湿度的调节器通常被安装在醒发箱的顶部，在调节系统内装有空气分散器，使温度和湿度分布均匀。

九、电冰箱（柜）

电冰箱（柜）（见图 1-12）主要用于冷冻面团，使面团和辅料达到同一温度，便于成型操作。

图 1-11　醒发箱　　　　　　　　图 1-12　电冰箱（柜）

任务二　烘焙常用工具的认知

烘焙常用工具主要包括搅拌工具、刀具、烤盘、模具及辅助工具。烘焙工具使用前后需清洗干净。

一、搅拌工具

（一）拌料盆

拌料盆（见图1-13）一般由不锈钢制成，分大、中、小三种型号，可配套使用。形状为圆口圆底，底部无棱角，便于均匀地调拌原料或调拌各种面点的配料。

（二）手动打蛋器

手动打蛋器（见图1-14）又称起泡器或抽子。它由钢丝捆扎在一起制成，规格大小不一，具有轻巧灵便的特点。手动打蛋器是用于搅打蛋液和奶油等的常用工具。

（三）搅板

搅板（见图1-15）又称木勺或榴板。前端呈勺形、方形、圆形，柄较长，以木质或塑料制成，有大小之分。用于搅拌面粉和各种馅料。

图1-13 拌料盆 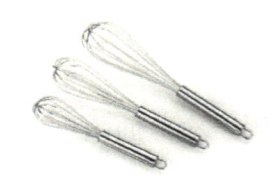　　　图1-14 手动打蛋器　　　图1-15 搅板

二、刀具

（一）抹刀

抹刀（见图1-16）又称点心刀。用薄不锈钢片制成，刀片韧性好，无锋刃，刀柄有木柄和塑料柄。用于涂抹奶油、馅料或其他装饰材料。

（二）刮刀

刮刀（见图1-17）又称刮板。用不锈钢或塑料制成，有长方形、半圆形等。主要用于切面团、清理台面和铲刮面团等。

图1-16 抹刀 　　　图1-17 刮刀

（三）锯齿刀

锯齿刀（见图1-18）又称西点刀。此刀一端有锋利的锯齿，多用来切割面包片、蛋糕坯等。

（四）滚刀

滚刀（见图1-19）又称轮刀。通常由不锈钢制成，配有木柄或塑料柄，用于起酥类、发酵面团的切边或切形等。滚刀有单轮滚刀、组合滚刀和打网花刀。

图1-18　锯齿刀 　　　　　图1-19　滚刀

三、烤盘

烤盘（见图1-20）是烘烤时承放烘焙食品的容器。烤盘分两种：一种是由黑色铁皮金属材料制成的；另一种是在原来材质中加入特殊材料制成的不沾烤盘。烤盘形状基本上是长方形。

四、模具

制作烘焙食品所用模具种类很多，有蛋糕模具、面包模具、点心模具、巧克力模具（见图1-21）、月饼模具（见图1-22）和饼干模具等。模具的材质主要有不锈钢、马口铁、硅胶、塑料、木质等，还有加入特殊材料制成的不沾模具，可方便脱模。

图1-20　烤盘 　　　图1-21　巧克力模具 　　　图1-22　月饼模具

五、辅助工具

（一）称量工具

称量工具包括台秤（见图1-23）、天平和电子秤（见图1-24）等。主要用于原辅料、半成品和成品的称量。

（二）擀面杖、走锤

擀面杖（见图 1-25）、走锤（见图 1-26）主要用于擀制面点，一般用硬木制作。

图 1-23　台秤 　　　　图 1-24　电子秤 　　　　图 1-25　擀面杖 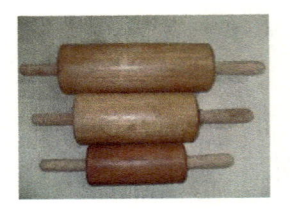　　　　图 1-26　走锤

（三）粉筛

根据粉筛（见图 1-27）的用途不同，分为很多规格，常用的有 60 目、40 目、20 目等。主要用于面粉等粉状原料的过滤。

（四）烘焙刷

烘焙刷（见图 1-28）用于模具表面刷油，制品上刷蛋液和果酱等，材质主要有羊毛和硅胶两种。

图 1-27　粉筛 　　　　　　　　　　　　图 1-28　烘焙刷

（五）转盘

转盘（见图 1-29）是装饰蛋糕的常用辅助工具。

（六）裱花袋

裱花袋（见图 1-30）是由帆布、塑料等材质制成，是曲奇成型和奶油造型的辅助制作工具。

图 1-29　转盘 　　　　　　　　　　　　图 1-30　裱花袋

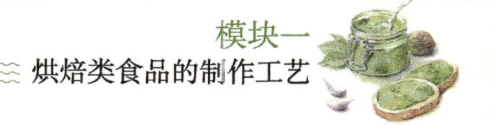

(七)裱花嘴

裱花嘴(见图 1-31)是金属模具,放在裱花袋前面使用,用于将流体物料挤出各种形状,配合制品的造型和装饰。

图 1-31 裱花嘴

除了以上介绍的常见辅助工具外,在烘焙食品加工中还有雕刻工具、温度计、量杯、不沾布和耐热手套等其他工具。

任务三 烘焙原辅材料的认知

烘焙常用原辅材料包括面粉、水、盐、酵母、乳制品、糖、油脂、鸡蛋和添加剂等。

一、面粉

我们常说的"面粉"(见图 1-32)指小麦粉,即用小麦磨出来的粉。小麦粉按性能和用途分为专用面粉(如面包粉、饺子粉和饼干粉等)、通用面粉(如标准粉和富强粉等)、营养强化面粉(如增钙面粉、富铁面粉和"7+1"营养强化面粉等);按精度分为特制一等面粉、特制二等面粉、标准面粉和普通面粉等;按蛋白质含量分为高筋面粉、中筋面粉和低筋面粉。

图 1-32 面粉

高筋面粉含有 11.5%~14% 的蛋白质,颜色较深,筋度较高,体质光滑,手抓不易成团,比较适合用来做面包及部分酥皮类点心,如丹麦起酥面包。在西饼中,多用在松饼(千层酥)和奶油空心饼(泡芙)中。

中筋面粉是介于高筋面粉和低筋面粉之间的一类面粉,含有 9.5%~11.5% 的蛋白质,筋度和黏度较均衡,颜色乳白,体质半松散,一般中式点心都会用到,如包子、馒头和面条等。

低筋面粉含有 6.5%～9.5%的蛋白质，筋度和黏度较低，颜色较白，用手抓易成团，比较适合用来做蛋糕、松糕、饼干和挞皮等蓬松酥脆的西点。

在烘焙中，面粉是烘焙产品的骨架，同时，也是制作面包的主体材料。面粉中的蛋白质经加水并搅拌后形成面筋，起到支撑面包组织的骨架作用；另外，面粉中的淀粉吸水膨胀，并在适当温度下糊化、固定成型。面粉还可为酵母发酵提供所需能量，当配方中糖含量较少或不加糖时，其发酵所需要的能量便由面粉提供。

二、水

水是烘焙食品生产的重要原料，其用量仅次于面粉，居第二位，因此，水的性质和卫生情况对烘焙食品品质具有重要的影响。水的来源有地面水（地表水）、地下水和自来水。地面水和地下水不可作为烘焙食品的生产用水，而自来水因已经过适当的净化、消毒处理，水的品质已相当接近理想用水，故可直接用于制作烘焙食品。

水在烘焙类食品制作过程中的主要作用如下。

（1）能使面粉中的蛋白质充分吸水形成面筋。

（2）能使面粉中的淀粉吸水糊化，变成可塑性面团；能溶解盐、糖、酵母等干性辅料。

（3）能帮助酵母生长繁殖，促进酶对蛋白质和淀粉的水解。

（4）可以控制面团的软硬度和温度。

三、盐

盐是制作面包等烘焙食品的四大基本要素原料之一，虽用量不多，但不可不用。即使最简单的硬质面包（如法式面包等），可以不用糖，但必须用盐。

烘焙食品制作中，添加盐可提高烘焙食品的风味，可调节面团的发酵速度。因为盐是酵母的必需养分之一，因此，在面团中添加适量食盐，有利于酵母的生长繁殖。盐可抑制蛋白酶活性，减少对面筋蛋白的破坏，增强面筋的筋力。盐能改善烘焙制品的内部颜色。但是盐的渗透压作用，会减缓面团的吸水，从而使面团搅拌时间增加。

烘焙食品制作时要求所用的食盐色泽发白，无可见的外来杂质，无苦味，无异味，咸味纯正，所以一般采用精制盐。

盐用量以 1.5%为宜，最多不超过 3%。

添加时常采用后加盐法，避免高浓度的食盐溶液抑制酵母的发酵速度。

四、酵母

酵母（见图 1-33）是一种肉眼看不见的单细胞微生物，在营养和条件适宜的情况下，酵母可以大量增殖，同时产生大量的 CO_2 气体，这样可以使面团膨胀，体积增大。所以常用于面包、苏打饼干的制作，使得制品具有蓬松感，并能改善制品风味，同时提高制品营养价值。

酵母生长适宜的温度为 27~28 ℃；适宜的 pH 值为 5~5.8，若 pH 值低于 2 或高于 8，酵母活力会受到严重影响。

在烘焙食品制作中常使用的酵母种类有鲜酵母、活性干酵母两种。

（一）鲜酵母

鲜酵母也称压榨酵母，由酵母液经过压榨后制成，其水分含量小于 75%，保质期较短，必须在 0~4 ℃储存。使用时，按配方所规定用量，加适量温水搅拌，经复活后即可。

图 1-33 酵母

（二）活性干酵母

活性干酵母由鲜酵母经过低温干燥而成，或加入淀粉后压制成饼状或粒状，再经低温干燥制成酵母粉或酵母颗粒，其含水量小于 10%。使用时，将酵母倒入 25~30 ℃的温水中，并加入糖，缓慢搅拌成均匀的酵母液，放置 10~20 分钟，待其表面产生大量气泡后，即可加入面粉中搅拌使用。

五、乳制品

烘焙食品制作使用的乳制品有牛奶、脱脂奶粉、淡奶油（见图 1-34）、酸奶和炼乳（见图 1-35）等。

图 1-34 淡奶油

图 1-35 炼乳

乳制品在烘焙食品中的作用如下。

（1）提高制品的营养价值。

（2）奶粉中含有大量的蛋白质，影响面团的吸水率，可提高面团的吸水性。

（3）奶粉中虽然没有面筋蛋白质，但含有大量的乳蛋白质，可提高面团的筋力和强度。

（4）奶粉中的乳蛋白会缓冲面团酸度的增加，使发酵过程变缓，有利于面团均匀膨胀。乳粉可刺激酵母菌内酒精酶的活性，提高糖的利用率，有利于 CO_2 的产生，从而提高面团的发酵能力。

（5）改善制品的组织状态。

（6）延缓制品的老化。

（7）是良好的着色剂。牛乳内的乳糖是还原糖，而乳糖不能被酵母菌利用，故可与蛋白

质中的氨基酸产生反应，形成良好色泽。

（8）赋予制品浓郁的奶香风味。

六、糖

（一）糖的分类

1. 白砂糖

白砂糖简称砂糖，是从甘蔗或甜菜中提取糖汁，经过滤、沉淀、蒸发、结晶、脱色和干燥等工艺而制成的。为白色粒状晶体，纯度高，蔗糖含量在99%以上，按其晶粒大小又分为粗砂、中砂和细砂。

2. 糖粉

糖粉是蔗糖的再制品，为纯白色的粉状物，味道与蔗糖相同。

3. 糖浆

糖浆分为转化糖浆或淀粉糖浆，转化糖浆是用砂糖加水和加酸熬制而成的；淀粉糖浆又称葡萄糖浆，通常使用玉米淀粉加酸或加酶水解，经脱色、浓缩形成黏稠液体。可用于蛋糕装饰，国外也经常在制作蛋糕面糊时添加，起到改善蛋糕的风味和保鲜作用。

（二）糖在烘焙食品制作中的功能

（1）增加制品甜味，提高营养价值。

（2）美化表皮颜色，在烘烤过程中，会使烘焙食品表面变成褐色并散发出香味。

（3）填充作用，使面糊光滑细腻，产品柔软，这是糖的主要作用。

（4）保持水分，延缓老化，具有防腐作用。

七、油脂

（一）烘焙食品制作中油脂的选择

在烘焙食品制作中用的最多的是黄油和色拉油。黄油（见图1-36）具有天然纯正的乳香味道，颜色佳、营养价值高，对改善产品的质量有很大的帮助；而色拉油（见图1-37）无色无味，因不影响烘焙食品原有的风味而被广泛采用。

图1-36　黄油 　　　　　　　　　　　　图1-37　色拉油

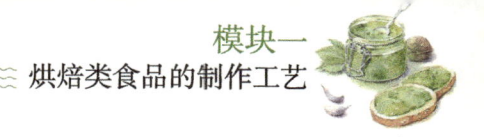

（二）油脂在烘焙食品制作中的作用

（1）固体油脂在搅拌过程中能保留空气，有助于面糊的膨发和增大蛋糕的体积。

（2）使面筋蛋白和淀粉颗粒润滑柔软。

（3）具有乳化性质，可保留水分。

（4）改善烘焙食品的口感，增加风味。

八、鸡蛋

鸡蛋（见图1-38）是烘焙食品制作的重要材料之一，尤其在蛋糕制作中的比例占1/3～1/2。

图 1-38　鸡蛋

鸡蛋在烘焙食品制作中的主要作用如下。

（1）黏结、凝固作用。鸡蛋含有相当丰富的蛋白质，这些蛋白质在搅拌过程中能集合大量的空气而形成泡沫状，与面粉的面筋形成复杂的网状结构，从而构成烘焙食品的基本组织结构，同时，蛋白质受热凝固，使烘焙食品的组织结构更加稳定。

（2）膨发作用。已打发的蛋液内含有大量的空气，这些空气在烘烤时受热膨胀，增加了烘焙食品的体积，同时，鸡蛋的蛋白质分布于整个面糊中，起到保护气体的作用。

（3）柔软作用。由于蛋黄中含有较丰富的油脂和卵磷脂，而卵磷脂是一种非常有效的乳化剂，因而鸡蛋能起到柔软作用。此外，鸡蛋对烘焙食品的颜色、香味和营养等方面也有重要的作用。

九、添加剂

（一）化学膨松剂

在烘焙食品生产中，能够使食品产生体积膨大、组织疏松特性的一类物质称为疏松剂，又称膨松剂。按其来源分为生物膨松剂和化学膨松剂。生物膨松剂主要是酵母；化学膨松剂则是通过化学反应产生 CO_2、NH_3 等气体，使产品体积膨大、结构松软、组织内部气孔均匀。

化学膨松剂有泡打粉（见图1-39）、小苏打（见图1-40）和臭粉等。

1. 泡打粉

在烘焙食品制作中使用最多的是泡打粉。它是由苏打粉配合其他酸性材料，并以玉米粉为填充剂制成的白色粉末。根据反应速度的不同，分为慢速反应泡打粉、快速反应泡打粉和

双重反应泡打粉。

泡打粉在接触水分时，酸性及碱性粉末同时溶于水而起反应，有一部分会开始释放出二氧化碳（CO_2），同时，在烘焙加热的过程中，会释放出更多的气体，这些气体会使产品达到膨胀及松软的效果。快速反应的泡打粉在溶于水时即开始起作用，慢速反应的泡打粉则在烘焙加热过程时开始起作用，双重反应泡打粉兼有快速及慢速两种泡打粉的反应特性。一般市面上采购的泡打粉为双重反应泡打粉。

2. 小苏打

小苏打化学名为碳酸氢钠，遇热加温放出气体，使制品膨松，呈碱性，在烘焙食品中较少用。

图 1-39 泡打粉

图 1-40 小苏打

3. 臭粉

臭粉化学名为碳酸氢铵，遇热产生 CO_2 气体，使制品膨松。

（二）乳化剂

乳化剂在烘焙食品中的作用主要表现在：与油脂作用形成稳定的乳化液，使制品疏松；与蛋白质作用形成面筋蛋白复合物，促进蛋白质分子间相互结合，使面筋网络更加致密而富有弹性，持气性增强，从而使制品的体积增大；与直链淀粉作用形成不溶性复合物，阻碍了可溶性淀粉的溶出，从而直链淀粉在糊化时对淀粉粒间的黏结力降低，使制品变得柔软。

乳化剂按来源分有天然和合成两类，天然乳化剂有卵磷脂和大豆磷脂。

常用的合成乳化剂有甘油单酸酯、蔗糖脂肪酸酯、硬脂酰乳酸钠（SSL）、硬脂酰乳酸钙（CSL）和双乙酰酒石酸酯（DATEM）等。

（三）抗氧化剂

抗氧化剂是能阻止或推迟食品氧化，以提高食品的稳定性和延长贮存期的物质。抗氧化剂按来源可分为人工合成抗氧化剂（如 BHA、BHT 等）和天然抗氧化剂（如茶多酚等）。

抗氧化剂按溶解性可分为油溶性、水溶性和兼容性三类。油溶性抗氧化剂有 BHA、BHT 等；水溶性抗氧化剂有抗坏血酸、茶多酚等；兼容性抗氧化剂有抗坏血酸棕榈酸酯等。

抗氧化剂按照作用方式可分为自由基吸收剂、金属离子螯合剂、氧清除剂、过氧化物分解剂、酶抗氧化剂、紫外线吸收剂和单线态氧淬灭剂等。

在烘焙食品制作中常用的抗氧化剂有茶多酚（TP）、生育酚、黄酮类、丁基羟基茴香脑（BHA）、二丁基羟基甲苯（BHT）和叔丁基对苯二酚（TBHQ）等。

（四）食用色素

食用色素是指以食品着色为目的的食品添加剂。可分为天然色素和食用合成色素。

食用色素有胡萝卜素、叶绿素、姜黄、核黄素、红曲色素、虫胶色素、甜菜红、辣椒红、萝卜红、焦糖、苋菜红、胭脂红、柠檬黄、日落黄和靛蓝等。

（五）面包改良剂

面包改良剂（见图1-41）一般是由乳化剂、氧化剂、酶制剂、无机盐和填充剂等组成的复配型食品添加剂，用于面包制作，具有促进面包柔软、增加面包烘烤弹性、有效延缓面包老化等作用。在使用面包改良剂过程中，要注意使用成分和量的掌握，因为有的成分属于健康违禁用品，过量使用会产生副作用。

图1-41　面包改良剂

（六）食用香精

食用香精主要由四部分构成：主香精、辅助剂、修饰剂和定香剂。最为精华的部分是主香精，在食用香精中起着基础与关键的作用，是各类香精的基础原料。而辅助剂和修饰剂的作用是修饰主香精单一的气味，使香精的味道稍具变化，从而更完美。最后，通过定香剂减缓香精香味的挥发速率，让香精香气更加持久。食用香精是以自然界中纯天然的食品香味为参照制作的人工合成品，所以，食用香精的香味类型多种多样，包括水果、牛奶、家禽、肉类、蔬菜、坚果口味和其他口味。

食用香精使烘烤制品具有浓郁的香气，从而提高制品的风味，增进人们的食欲。

（七）玉米淀粉

玉米淀粉（见图1-42）是一种增稠剂，在西点烘焙中常用于制作冻品类甜食以及某些馅料、装饰物，起增稠、胶凝、稳定和装饰作用。

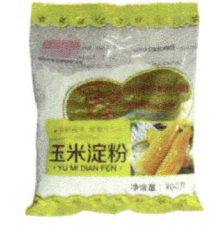

图1-42　玉米淀粉

（八）塔塔粉

塔塔粉（见图1-43）是一种酸性的白色粉末，学名酒石酸氢钾，是一种常用的食品添加剂，在烘焙食品中主要用于蛋糕制作，帮助蛋白打发及中和蛋白的碱性。

（九）可可粉

可可粉（见图1-44）是可可豆经发酵、粉碎、去皮和脱脂等一系列工序得到的粉状制品。

可可粉常用于高档巧克力、冰激凌、糕点及其他含可可的食品，一般作为夹心巧克力的辅料或在点心表面作为装饰等，当然，也可与面粉混合制作蛋糕、面包、饼干等烘焙食品。

（十）抹茶粉

抹茶粉（见图 1-45）是采用天然石磨碾磨成微粉状的蒸青绿茶。抹茶自带天然的鲜绿色泽，色味醇正、清雅，含有丰富的人体所必需的营养成分和微量元素，无添加剂、无防腐剂、无人工色素，可以增香、增色、增味，广泛应用于各类西点烘焙。

图 1-43　塔塔粉 　　　　　　图 1-44　可可粉 　　　　　　图 1-45　抹茶粉

（十一）香草粉

香草粉（见图 1-46）是从香草豆荚中提取而成的增香型香料，是很珍贵的植物香料，粉质细腻，带有自然醇正、浓郁扑鼻的香草味，可耐高温烘焙，适用于点心、蛋糕和冰激凌等食品，能增加成品的口感及香气，还能祛除鸡蛋的腥味。

（十二）吉利丁

吉利丁（见图 1-47）又称明胶或鱼胶，由动物皮肤、骨、肌膜等结缔组织中的胶原部分降解而成，为白色或淡黄色、半透明、微带光泽的薄片或粉粒，是一种无脂肪的高蛋白且不含胆固醇，是一种天然营养型的食品增稠剂，有利于食物消化，广泛应用于果冻、乳冻和慕斯等西点制作中。

图 1-46　香草粉 　　　　　　　　　　　图 1-47　吉利丁

项目二　月饼的制作

任务一　月饼知识的认知

月饼是久负盛名的汉族传统小吃，深受中国人民喜爱，在中秋节这一天是必食之品。月饼象征团圆，以月之圆"兆"人之团圆，以饼之圆"兆"人之常生。用月饼寄托思念故乡、思念亲人之情，祈盼丰收、幸福，皆成天下人民的心愿。据说中秋节吃月饼的习俗始于唐朝。北宋之时，在宫廷内流行，后来流传到民间，当时俗称"小饼"和"月团"。到了明朝，月饼则发展成为全民食用的饮食习俗。时至今日，月饼品种更加繁多，风味因地而异。其中，广式、京式、苏式和滇式等月饼被中国南北各地的人们所喜爱。

一、月饼的分类

（一）按加工工艺分类

1. **烘烤类月饼**

烘烤类月饼是指以烘烤工艺为最后熟制工序的月饼。

2. **油炸类月饼**

油炸类月饼是指以油炸工艺为最后熟制工序的月饼。

3. **熟粉类月饼**

熟粉类月饼是指将面粉、淀粉或米粉等预先熟制，然后经制皮、包馅、成型的月饼。

4. **其他类月饼**

其他类月饼是指以其他加工工艺为最后熟制工序的月饼。

（二）按地方风味特色分类

1. 广式月饼

广式月饼（见图1-48）是指以广东地区制作工艺和风味特色为代表的月饼。使用小麦粉等谷物粉、转化糖浆、植物油和碱水等为主要原料制成饼皮，经包馅、成型、刷蛋和烘烤等工艺加工而成，口感柔软。

2. 京式月饼

京式月饼（见图1-49）是指以北京地区制作工艺和风味特色为代表的月饼。配料上重油、轻糖，使用提浆工艺制作糖浆皮面团，或以糖、水、油、面粉制成松酥皮面团，经包馅、成型、烘烤等工艺加工而成，口味纯甜或纯咸，口感松酥或绵软，香味浓郁。

图1-48 广式月饼

图1-49 京式月饼

3. 苏式月饼

苏式月饼（见图1-50）是指以苏州地区制作工艺和风味特色为代表的月饼。使用小麦粉、饴糖、水等制成饼皮，以小麦粉、油制酥，经制酥皮、包馅、成型和烘烤等工艺加工而成，具有酥层且口感松酥。

4. 滇式月饼

滇式月饼（见图1-51）是指以云南地区制作工艺和风味特色为代表的月饼。使用小麦粉、荞麦粉、食用油为主要原料制成饼皮，以火腿肉丁、食用花卉、蔬菜、白砂糖、蜂蜜等为主要原料包馅成型，经烘烤等工艺加工而成。其主要特点是馅料采用了滇式火腿，饼皮酥松，馅料咸甜适口，有独特的滇式火腿香味。

图1-50 苏式月饼

图1-51 滇式月饼

5. 其他月饼

其他月饼是指以其他地区制作工艺和风味特色为代表的月饼。

（三）按馅料分类

1. 蓉沙类月饼

莲蓉月饼：以莲子为主要原料加工成馅的月饼。除油、糖外的馅料中，莲子的质量含量不低于60%。

豆蓉（沙）类月饼：以各种豆蓉为主要原料加工成馅的月饼。

栗蓉类月饼：以板栗为主要原料加工成馅的月饼。除油、糖外的馅料原料中，板栗的质量含量不低于60%。

杂蓉类月饼：以其他含淀粉的原料加工成的月饼。

2. 果仁类月饼

以核桃仁、杏仁、橄榄仁和瓜子仁等果仁为主要原料加工成馅的月饼。馅料中果仁的质量含量不低于20%。

3. 果蔬类月饼

枣蓉（泥）类月饼：以枣为主要原料加工成馅的月饼。

水果类月饼：以水果及其制品为主要原料加工成馅的月饼。馅料中水果及其制品的质量含量不低于25%。

蔬菜类月饼：以蔬菜及其制品为主要原料加工成馅的月饼。

4. 肉制品类月饼

馅料中添加了火腿、叉烧和香肠等肉制品的月饼，馅料中肉制品的质量含量不低于5%。

5. 水产制品类月饼

馅料中添加了虾米、鱼翅（水发）和鲍鱼等水产制品的月饼，馅料中水产制品的质量含量不低于5%。

6. 蛋黄类月饼

馅料中添加了咸蛋黄的月饼。

7. 其他类月饼

馅料中添加了其他主要原料的月饼。

二、月饼的营养价值及功效

月饼内馅多采用植物性原料，如核桃仁、杏仁、芝麻仁、瓜子、山楂、莲蓉、红小豆和枣泥等，对人体有一定的保健作用。植物性的种子含不饱和脂肪酸，以油酸、亚油酸居多，对软化血管、防止动脉硬化有益；含矿物质，有利于提高免疫力，可预防儿童锌缺乏、缺铁性贫血。莲子、红小豆、芝麻等植物性的种子含钾很高，能置换细胞内钠盐，使之排出，可营养心肌、调节血压。从中医角度看，一些原料性温平居多，可强心、镇静、安神。一些种子还富含维生素E，抗衰老、滋皮肤、乌须发。

三、月饼的食用

月饼吃多了易腻，若配饮一杯淡茶（以花茶为宜），边吃边饮，味道更是妙不可言。

月饼中含糖和油脂较高，吃多了会引起肠胃不适，尤其是老人、儿童或肠胃功能较弱者，吃月饼时更要注意，一定要适量。

过节时人们往往一次买许多月饼，而月饼放置时间久了，易引起馅心变质，吃后容易发生食物中毒。因此，月饼最好随买随吃。

四、月饼的保存

月饼皮软、水分大、含有丰富的油脂和糖分，受热、受潮都极易发霉、变质，所以要将月饼存放在低温、阴凉、通风的地方，或者将月饼连带包装盒一起放入冰箱冷藏室，食用前一小时取出，可保证它的口味。

月饼保质期短，在气温25 ℃的环境下，杏仁、百果等馅心月饼可存放15天左右。豆沙、莲蓉、枣泥等馅心月饼，存放时间则不宜超过10天。如果气温超过30 ℃，月饼存放的时间还应该适当缩短，一般不宜超过7天。至于鲜肉、鸡丝、火腿等月饼，则应随买随吃。

同时要注意，月饼存放时，不宜与其他食品、杂物放在一起，以免串味，失去应有的口味和特色。存放期间还要注意防止蟑螂、蚂蚁、老鼠等侵食，以防传染疾病。为保证月饼的质量新鲜，购买盒装月饼或散装月饼时，均应看清生产日期或出厂日期，以便掌握保存期。

任务二　广式月饼的制作

一、广式月饼的制作工艺

（一）制作饼皮

将枧水和转化糖浆搅拌均匀，在搅拌缸中分次加入花生油并搅拌均匀，每次需等花生油与糖浆完全融合后再加入下一次的原料。将糖油混合物倒入过筛后的面粉中，并用叠压法制成面团。盖上保鲜膜静置一定时间至不粘手状态。若做100克的月饼，可切割成20克/个的小面团，馅料分割成80克/个，搓圆备用。饼皮和馅料常用比例为2∶8或3∶7。

（二）包馅和成型

取一个面团，放在左手掌心，压扁，包入馅料，用右手的虎口收口。将包好馅的面团表面沾一层薄薄的干粉，放入月饼模具，在烤盘上按压成型。

（三）烘烤

月饼生坯表面喷水，放入烤炉烘烤，待表面稍上色时取出，表面刷蛋液，再送入烤炉中继续烘烤至表面金黄色。

二、广式月饼的产品质量要求

（一）色泽

具有该品种应有的色泽。

（二）形态

外形饱满、轮廓分明、花纹清晰、不塌陷，无跑糖及露馅现象。

（三）组织

饼皮厚薄均匀，蓉沙类的广式月饼馅料细腻无僵粒，无夹生。

（四）滋味与口感

饼皮绵软，具有该品种应有的风味，无异味。

（五）杂质

正常视力下无可见杂质。

任务三　苏式月饼的制作

一、苏式月饼的制作工艺

（一）制作酥皮

1. 大包酥酥皮制法

大包酥类似做西式起酥点心，就是将油皮整个擀成面皮，油酥包入油皮，用擀面杖擀成薄皮（约0.66厘米），对折2～3次后再擀成面皮，反复制作2～3次。然后将面皮卷成棍形，用刀切成小剂子，每个小剂子的两端，沿切口处向里边折捏，用手掌揿扁成薄饼形，即可包馅。

要点：油酥包入皮内后，用面杖擀薄时不宜擀得太短、太窄，以免皮酥不均匀，影响质量。

2. 小包酥酥皮制法

面团和油酥面团制法与大包酥酥皮制法相同。只是先按单个月饼量将油皮和油酥分剂，然后分别将油酥逐一包入皮中，用面杖压扁后卷折成团，再用手掌揿扁成薄饼形即可包馅。小包酥酥皮制法适合家庭制作，不适合大量制作。

（二）制馅

1. 松子枣泥馅

先将黑枣去核、洗净、蒸烂、绞成碎泥；糖放入锅内加水，加热溶化成糖浆，浓度以用竹筷能挑出丝为适度；然后，将枣泥、油、松子加入，拌匀，烧到不黏手即可。

2. 清水洗沙馅

赤豆9千克、砂糖15千克、饴糖1.5千克、生油2.5千克、水3千克，制法与豆沙馅相同。

3. 猪油夹沙馅

所用的豆沙与清水洗沙馅的相同。

具体制法：将豆沙与糖、猪油丁、玫瑰花、桂花拌匀即可。

（三）包馅

先取豆沙馅，揿薄，置于酥皮上，再取猪油丁、桂花等混合料，同时包入酥皮内。

（四）成型

包好馅后，在酥皮封口处贴上方型垫纸，压成约1.67厘米厚的扁形月饼坯，每只90克，再在月饼生坯上盖以各种名称的印章。

（五）烘烤

将月饼生坯推入炉内，炉温保持在240 ℃左右，待月饼上的花纹定型后适当降温，上下火要求一致，烤6～7分钟，熟透即可出炉，待凉透后下盘。

二、苏式月饼的产品质量要求

（一）色泽

表面金黄油润，圆边浅黄，底部没有焦斑。

（二）形态

平整饱满，呈扁鼓形，没有裂口和漏底现象。

（三）酥皮

外表完整，酥皮清晰不乱，没有僵皮和硬皮。

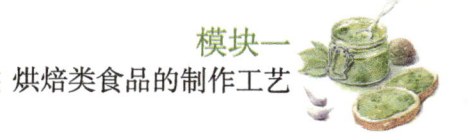

（四）内质

皮馅厚薄均匀，无脱壳和空心现象，果料切块，粗细适当。

（五）滋味

饼皮松酥，有各种馅料的特有风味和正常的香味，无哈喇味和果皮的苦味或涩味。

实操案例

实操案例一　广式咸蛋黄板栗月饼的制作工艺

视频讲解

一、工具设备

电子秤、方形刮板、烤盘、羊毛刷、搅拌机、月饼印模和保鲜膜。

二、材料及配方

月饼皮：月饼专用糖浆 800 克、枧水 20 克、食盐 4 克、花生油 275 克、低筋面粉 1 100 克、吉士粉 70 克。

月饼馅：板栗馅 20 个、咸蛋黄 20 个。

三、制作流程

广式咸蛋黄板栗月饼的制作流程如图 1-52 所示。

①混合糖浆、枧水、盐，加入搅拌桶搅拌 　　②分多次加入花生油搅匀 　　③加入过筛的低筋面粉、吉士粉搅拌

④用刮板翻转搅拌均匀 　　⑤用保鲜膜覆盖，松弛至少两个小时 　　⑥分割饼皮，放置备用

图 1-52　广式咸蛋黄板栗月饼的制作流程

⑦用板栗馅包裹咸蛋黄 　　⑧取饼皮，将饼皮压平 　　⑨取馅料放入饼皮，将饼皮慢慢往上推至收口

⑩撒粉，用模具挤压成型 　　⑪喷水 　　⑫先上火235℃、下火170℃烤十分钟，定型

⑬拿出，刷蛋液 　　⑭进炉继续烘烤5分钟 　　⑮放凉后再次刷蛋液，烤3分钟

⑯当看到月饼周围有鼓出来，表面已上色，则烤好

图 1-52　广式咸蛋黄板栗月饼的制作流程（续）

四、注意事项

（1）面团、糖浆和枧水要拌匀。

（2）包馅时要利用右手虎口将馅包紧，收口朝下，防止馅料外露，并注意减少手与面皮的接触时间。

（3）印模：压印均匀，模具抹油，防黏，防止塌陷和歪模。

（4）烘烤：采用二次烘烤，出炉刷蛋黄液。

（5）冷却：月饼烘烤成熟后，要充分冷却至回油才能食用。

五、成品评判指标

广式咸蛋黄板栗月饼成品的特征是表面棕黄色，腰部乳黄色，稍向外凸出（俗称开腰）。

实操案例二 紫薯冰皮月饼的制作工艺

视频讲解

一、工具设备

月饼模具、刮板、电子秤、筛子、电磁炉、蒸锅、保鲜膜、冰箱和包装机等。

二、材料及配方

冰皮：糯米粉90克、粘米粉70克、澄粉40克、牛奶200克、椰浆120克、白砂糖100克、大豆油30克、三洋糕粉（手粉用）。

紫薯馅：紫薯600克、白砂糖120克、大豆油10克。

三、制作流程

（一）冰皮的制作

紫薯冰皮月饼冰皮的制作流程如图1-53所示。

①称料 　　②加入牛奶、白砂糖、大豆油、椰浆 　　③拌匀

④分次加入过筛的糯米粉、粘米粉、澄粉 　　⑤拌匀 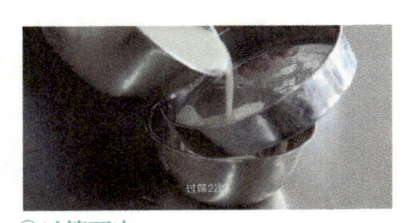　　⑥过筛两次

⑦盖保鲜膜，静置15分钟 　　⑧清蒸40分钟 　　⑨拌匀至光滑，冷却备用（冰箱冷藏

半小时）

图 1-53　紫薯冰皮月饼冰皮的制作流程

（二）紫薯馅的制作

紫薯冰皮月饼紫薯馅的制作流程如图 1-54 所示。

①紫薯洗净、蒸熟，放入搅拌机 　　②慢速搅拌至紫薯成团 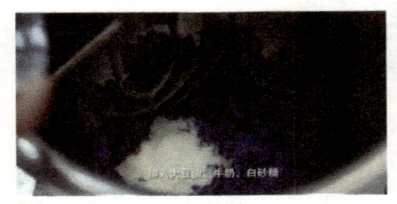　　③加入大豆油、白砂糖

④中速搅拌至混合均匀 　　⑤取出备用

图 1-54　紫薯冰皮月饼紫薯馅的制作流程

（三）紫薯冰皮月饼的制作

紫薯冰皮月饼的制作流程如图 1-55 所示。

①冰皮分坯（35 克/个），紫薯分馅（35 克/个） 　　②包馅（皮拍点三洋糕粉）

③入模具，压模 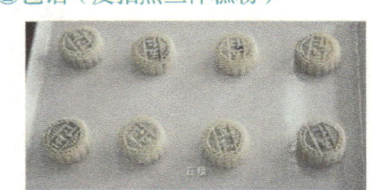　　④脱模，成品

图 1-55　紫薯冰皮月饼的制作流程

（四）紫薯冰皮月饼的包装和存放

紫薯饼皮月饼通过入托、入袋，放入脱氧剂，封边，入冰箱冷藏保存。成品如图 1-56 所示。

图 1-56 紫薯冰皮月饼的成品

四、注意事项

（1）月饼中使用的大豆油，可用玉米油和葵花籽油等代替，不可使用花生油和橄榄油（有特殊气味）等。

（2）糯米粉的炒制，需用小火炒至色微黄即可，颜色太深影响观感，炒得太生则会有夹生的味道。

（3）冰皮月饼必须冷藏保存。

（4）冰皮蒸好后，要完全冷却后再包馅，否则会黏手。

（5）包馅、印模时，可以沾少许糕粉，防止黏手。

五、成品评判指标

紫薯冰皮月饼成品的特征是表面晶莹光滑，纹路清晰。

项目三　西饼的制作

任务一　西饼的认知

西式点心又称为西饼，是以谷类粉、豆类粉、薯类粉等为主要原料，添加或不添加糖、油脂及其他原料，经调粉（或调浆）、成型、烘烤（或煎烤）等工艺制成的食品。西饼熟制前或熟制后在产品之间（或表面、或内部）添加奶油、蛋白、可可、巧克力等辅料。

西饼的词源是"烤过两次的面包"，是从法语的 bis（再来一次）和 cuit（烤）中得来的，可作为旅行、航海、登山时的储存食品，作为军队的备用食品也非常方便。

西饼是继面包和蛋糕之后发展起来的又一大类烘焙类食品，这类烘焙食品品种丰富、各具特色、造型独特，在西方饮食文化中占有重要地位，深受人们的喜爱。根据其制作技法可分为混酥类点心、清酥类点心、泡芙、比萨等。

混酥类点心是以混酥类面团为基础，配以各种辅料、馅料，通过成型的变化、烘烤温度的控制、不同装饰材料的选择等，制成甜、咸口味的点心，其面坯无层次，产品具有酥、松、脆等特点。代表性品种有派、曲奇（见图1-57）和咸琪琳等。

图1-57　曲奇

清酥类点心是指将互为表里的水调面坯、油面坯反复擀叠、冷冻，形成新面坯，再经加工而成的一类层次清晰、松酥的点心。清酥类点心有甜、咸之分，具有层次清晰、入口香酥的特点。代表性品种有清酥马蹄、蛋挞、清酥果酱盒和风车酥等。

清酥类点心的酥松原理：水油面团（或水调面团）是面粉、水及少量油脂（或不加油脂）

调制而成的面团，由于所选用的面粉一般含有较多的面筋质，在面团调制过程中便形成较多的湿面筋。湿面筋使这种面团具有较好的延伸性、可塑性和弹性，赋予面团保存空气和承受烘烤中水蒸气产生膨胀的能力。清酥类面坯加热后，每一层面皮随着空气和面团内蒸汽产生的膨胀而膨大，进而使产品体积膨大。另外，油面团（或油脂）与水油面团（或水调面团）是互为表里，形成了一层面皮与一层油脂交替排列的多层结构。两层面皮之间的油脂像"绝缘体"一样将面层隔开，防止面层之间的相互黏连，也是烘烤时所产生的水蒸气和气体不可穿越的屏障，留在面层间的气体受热膨胀，并使面筋网络伸展，形成众所周知的层状结构。油脂便熔化并沉浸于层状结构之中，使得产品酥脆。

任务二　混酥类点心的制作

混酥类点心制作的基本流程：配料→面团调制→面坯成型→烘烤成熟。每一步骤的要点如下。

一、配料

混酥类点心制作的主要原料是面粉、油脂、糖、鸡蛋和盐等。

（一）面粉

应选用筋力较小的低筋粉。低筋粉不易产生筋力，使得产品酥松。如果面筋筋力太高，会使面团产生筋力，烘烤时会出现收缩现象，制品质感硬、口感差。

（二）油脂

应选用熔点较高、可塑性强的油脂，如黄油或人造黄油。熔点较高的油脂，不易软化，整形操作方便；如果选用熔点低的油脂，会使油脂软化，擀制时出油、发黏，整形困难。油脂的可塑性差，产品制作时易散落、成品形状不完整。油脂比例一般占面粉的50%～60%。

（三）糖

应选用糖粉或细砂糖，容易溶化。如果糖的晶体粒太粗，在搅拌中不易溶化，造成面团擀制困难，产品成熟后表面会呈现一些斑点，影响面团的美观和酥松性。

注意油脂、鸡蛋等原料应提前从冰箱取出恢复至室温。黄油通常存放在冰箱中，质地比较硬，在操作前半小时或一小时将其取出，放在室温环境下，让其恢复至室温，变得比较软一点，然后再操作会比较容易和有效。有的混酥类点心还会用到奶油、奶酪等原料，这些原料要提前半小时或一小时从冰箱中取出，待恢复室温后，再跟其他原料混合时会比较容易操作。

二、面团调制

面团调制一般采用糖油搅拌法。具体过程：先将面粉过筛待用，然后将糖粉和油脂放入搅拌机内，用中速搅拌或混合均匀至松发，再将蛋液逐次加入，搅拌均匀后加入面粉，用慢速搅拌或折翻加推揉的方法使其成为面团。面团调制一般采用手工调制方法。在面团调制过程中要注意以下几点。

（1）使用前面粉必须过筛，面粉具有很强的吸湿性，长时间放置会吸附空气中的潮气而产生结块，过筛能去除结块，使其与液体原料混合时避免出现小疙瘩。同时过筛还能使面粉变得更蓬松，更容易跟其他原料混合均匀。除了面粉之外，其他粉类原料，如泡打粉、玉米粉和可可粉等都要过筛。过筛时，将所有粉类原料都混合在一起倒入筛网，一手持筛网，一手轻轻拍打筛网边缘，使粉类原料经过空中落到搅拌盆中即可。

（2）选用扁平状打蛋器进行搅拌。油脂搅拌不要过度，因为过度搅拌会使烘烤成熟后的制品松酥有余而酥脆不足。

（3）加入蛋液时，蛋液的温度应与油、糖的温度接近。否则，搅拌时会出现油脂和鸡蛋分离的现象。蛋液需分次慢慢加入，每次加入的蛋液与油脂完全乳化后，再加入下一次的蛋液。因为一个鸡蛋里大约含有74%的水分，如果一次将所有的蛋液全部倒入奶油糊里，油脂和水分不容易结合，容易造成油水分离，搅拌会非常吃力。切记，材料分次加入才能使成品的口感更加细腻美味。

（4）分次加入鸡蛋时，需把黏在搅拌缸边的原料用塑料刮刀刮出，搅拌均匀。操作温度低时，可用喷火枪加热搅拌缸外边，把黏在搅拌缸边的原料熔化，使搅拌更加均匀。

（5）手工调制操作时，手法要干净利索，不能反复揉搓，防止面团豁裂，面粉产生筋力。搅拌时间过长，还会造成面团渗油，使制作困难、成品的酥松性差。

（6）面团搅拌后，可用折翻等方法成团，略压扁并用保鲜膜包裹，待松弛后再操作。如果气温高，则应冷藏松弛。

（7）将调制好的混酥类面团放入冰箱备用，目的是使面团内部能充分均匀地吸收水分，促使油脂凝固，易于面坯成形，并使上劲的面团得到松弛。

三、面坯成型

混酥类点心的面团调制后，有的是将调制好的面坯或面糊直接成型加工，如曲奇、苏打饼干等；有的则是将调制好的面团先放在冰箱冷冻后，再加工成所需的形状，如乳酪饼干、杏仁饼干等。混酥类面团的成型手法有裱挤、压制、压模刻制和卷制切割等。在成型过程中要注意以下几点。

（1）裱挤混酥类面糊时，用力要均匀，使制品大小相同、厚薄一致；动作要一气呵成，保持制品形态端正。这样在烘烤时，才不会有的糊了，有的还没上一点颜色。厚薄比大小更重要，越薄的混酥类面坯越容易烤过火。

（2）裱挤成型的混酥类面糊，可选用合适的裱花嘴，用不同的动作使混酥类面坯形状多样。面糊内不能含有大颗粒原料，避免造成裱挤困难。

（3）混酥类面坯刻制、切割成型前需冷冻。一是方便下一步加工成型；二是通过冷冻的过程，使面团内的面筋得以松弛，烘烤成熟后的产品产生酥松的效果。

（4）从冰箱中取出后的混酥类面坯要尽快加工制作，防止因时间过长面坯变软后不易成型。

（5）压制面坯时尽量少用干粉，否则烘烤时不易上色，颜色不均匀。

（6）尽量减少重复使用混酥类面团，避免因面团油脂的游离性而产生跑油现象。每重复使用一次，制品质量会下降一次。同样，面团不要反复擀制搓揉，防止面团出油、起筋，以免产生成品收缩、口感发硬和酥松性差等不良后果。

四、烘烤成熟

混酥类面坯成型后，要立即送入烤箱进行烘烤，在烘烤成熟过程中要注意以下几点。

（1）根据混酥类点心的性质、特点和烘烤的数量，合理选择烘烤的温度和时间。一般混酥类点心糖分的比例较高，过高的温度会使糖产生焦化，混酥类点心着色加快，出现内部夹生、外部颜色过深的现象。混酥类面坯加热时间长，造成颜色过深，甚至出现焦煳现象；相反，烘烤时间短，内部未完全成熟，外表颜色过浅，也将影响混酥类点心的质量。

（2）烤箱一定要预热。烤箱在烘烤之前，必须提前将温度旋钮调至需要的温度，打开开关空烧一段时间，使产品进入烤箱时就能达到所需要的温度。烤箱预热的动作，可使饼干面团迅速定型，并且也能保持较好的口感。烤箱的容积越大，所需的预热时间就越长，大约5～10分钟。

（3）成型后的混酥类面坯要尽快进行烘烤，防止面坯软化出油。

（4）放在烤盘上的面坯，互相要留出合适的距离，防止烘烤时黏连。摆盘距离要均等，烘烤后才能上色均匀。

（5）在烘烤混酥类点心时，不要同炉烘烤其他产品，防止互相影响。

（6）在烘烤后期，可以将风门打开，使混酥类点心排除多余的水分，更加酥脆。

（7）烘烤成熟的混酥类点心在通风环境下自然冷却。

任务三　清酥类点心的制作

清酥类点心制作的基本流程：配料→面团调制→面坯成型→烘烤成熟。每一步骤的要点如下。

一、配料

清酥类点心制作的主要原料是面粉、油脂和水三种，另外添加食盐、糖、鸡蛋和塔塔粉等。

（一）面粉

生产清酥类点心宜选择蛋白质含量较高的高筋面粉，一般不选用低筋面粉。因为制作过程中面团需要包裹油脂进行折叠，如果面团筋力不够，在折叠过程中容易将面皮穿破，油和面层破坏，导致成品体积变小，层次不明显。使用高筋面粉可使制品烘烤时体积增大，面筋的韧性能够承受拉伸。也可在使用高筋面粉时，添加塔塔粉以软化筋力或部分使用中筋面粉。

（二）油脂

在清酥类面团擀制过程中，油面团由于机械压力作用变得越来越薄，如果不能承受机械压力的作用，就会过分变软而失去隔绝的作用。在生产清酥类点心的过程中，根据实际情况，可以选用奶油、人造奶油、起酥油或其他固体动物油脂。油脂分成两部分：一部分用于面团中，其作用是润滑面团，使面皮酥软，减少面团筋性，一般用起酥油，其用量视品种而定；另一部分用于包裹面团，这种油脂必须熔点高、可塑性好。所以，清酥类点心的特性决定了所选择的油脂必须具有一定的可塑性、硬度和较高的熔点。熔点低的油脂在折叠过程中容易软化而从面皮层中渗出，使产品失去层次和膨胀特性。另外，可塑性好的油脂，在面皮中每一层厚薄均匀，易于制作造型。

（三）水

水油面团（或水调面团）的弹性、可塑性、软硬度往往需要通过水来调节，用水量约为面粉量的50%～55%。以冰水为宜，因为冰水可使面团与油脂的硬度一致，搅拌面团时不黏手，容易操作，同时面团吸水量多。

（四）食盐

食盐可以增加产品的风味，通常面团中的食盐用量为面粉量的1.5%。如果所使用的油脂中含有食盐，应根据具体情况酌情减少。

二、面团调制

将面粉放在工作台上围成一个圆圈，圈内放入软化的油脂。将食盐溶化在水里后倒入圈内，用手和刮板将所有的原料拌在一起，反复揉搓成均匀细腻的面团，静置20分钟。取出面团，将面团放置在有干粉的工作台上，用擀面杖从面团中央开始擀，擀成四角薄、中间厚、稍大于硬质油脂的面片。在擀制过程中，需用力均匀一致，同时，注意面片下面需有干粉，否则面片易黏工作台。

三、面坯成型

清酥类面团调制后，要进行面坯成型，具体操作是将所需用量的油脂取出，放在面片上，油脂的四个角正好对准面片四条边的中间，然后，将面片的四个角翻折在油脂上面，用手将四条缝捏紧，包住油脂，再放入冰箱内 20 分钟左右，取出放置一会儿。将面片放在工作台上，擀压成长方形，再按三折法、四折法进行折叠。

（一）三折法

将面片放在工作台上擀成长方形，长与宽的比例为 3∶2，厚度为 1 厘米，从压好的面片长度 1/3 处折叠一次，接着再把另外 1/3 长度面片折叠起来，这样就完成了第一次折叠操作。然后，放入冰箱内 20 分钟左右，再取出，把面片擀开，再折叠。每次把面片折叠三层，重复三次。

（二）四折法

将面片放在工作台上擀成长方形，长与宽的比例为 2∶1，厚度为 1 厘米。把面片两端向中央处对折，然后将面片在中央处再对折起来，使面片两端重合。完成第一次折叠后，放入冰箱内 20 分钟左右，再取出，把面片擀开，再折叠。每次把面片折叠四层，重复三次。

折叠好的面片可以制作造型。将面片擀成 0.2~0.3 厘米厚的面片，然后再切割造型。在制作造型前应注意：面片从冰箱中取出后，应放软后再进行操作；操作间温度不可太高，否则油脂会熔化；面片被切割时断面整齐；被切割的面片应大小一致、厚薄均匀。

在面坯成型时应注意：水油面团（或称水调面团）调制后需经过一定时间的静置才能包油。油面团（或油脂）的硬度与水油面团的硬度应尽量一致，否则会影响到产品的分层。如果油面团（或油脂）太硬将容易刺破水油面团，反之，油面团（或油脂）太软则不利于包油和容易走油。如果水油面团太硬将影响面团的擀制和成型，甚至影响操作产品质量，反之，水油面团太软，则又容易使油面团（或油脂）嵌进水油面团，油脂失去了"绝缘体"的作用，使面团缺乏层次。

四、烘烤成熟

整型后的面坯放入烤盘，并刷一层蛋液。烤盘不要刷油，以免其滑动。同时，松弛 30 分钟后入烤炉烘烤。

烘烤清酥类点心的烤箱内最好有蒸汽设备。如果没有蒸汽设备，可在烤盘内装一些水，使制品进入烤箱后，蒸汽可防止其表面过早凝结，使每一层面片都能膨胀起来。入炉时，面火温度控制在 150 ℃左右，待制品的面片膨胀后，将炉温升至 220 ℃左右，当制品表面上色后，再将炉温降至 175 ℃左右，直至烤成金黄色。有些清酥类点心制品最后还需用糖粉、鲜奶油、水果等辅料进行装饰。

清酥类面坯烘烤过程中出现收缩现象的原因有以下几点：面坯面筋较强，在包油时容易擀压过度。整型面坯时未松弛就进烤炉烘烤；每次折叠时面坯未松弛；烤炉炉温太高。

清酥类面坯在烘烤过程中油脂从面团层状结构中漏出的原因有以下几点：包油和折叠操作不当；面团与包入用油的硬度不一致；包入的油脂熔点太低；使用低筋面粉过多；烤炉温度过低或过高；面粉储存太久。

清酥类点心烘烤后体积不大、膨胀小的原因有以下几点：包油和折叠操作不当；面片的每次折叠松弛不够；包入的油脂熔点太低；烤炉温度过高或过低；切割面片时黏连刀口等。

最终产品不够酥松的原因则有以下几点：使用过多的剩余面片；包油时擀压操作不当；使用太多生粉。

实操案例

实操案例一　蛋黄酥的制作工艺

一、工具设备

烤箱、烤盘、擀面杖和刮板等。

二、材料及配方

油皮：中筋面粉 170 克、猪油 50 克、水 67 克、糖粉 30 克。
油酥：低筋面粉 140 克、猪油 70 克。
馅料：红豆沙 720 克、咸蛋黄 10 个。

三、制作流程

（一）油皮制作

蛋黄酥油皮的制作流程如图 1-58 所示。

①准备材料　　　②糖粉+水溶解　　　③中筋面粉+糖水+猪油拌匀

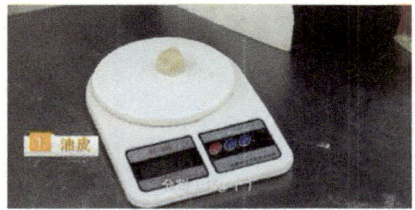

④揉至光滑　　　⑤分割为 15 克/个

图 1-58　蛋黄酥油皮的制作流程

（二）油酥制作

蛋黄酥油酥的制作流程如图 1-59 所示。

①低筋面粉+猪油搅拌　　　②分割为 10 克/个

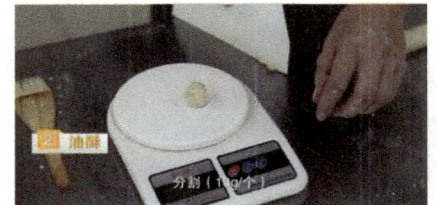

图 1-59　蛋黄酥油酥的制作流程

（三）馅料制作

蛋黄酥馅料的制作流程如图 1-60 所示。

①红豆沙搅拌，分割为 30 克/个；在咸蛋黄上喷洒白酒，然后烘烤　　　②将咸蛋黄裹入红豆沙中

图 1-60　蛋黄酥馅料的制作流程

（四）蛋黄酥制作

蛋黄酥的制作流程如图 1-61 所示。

① 豆沙包蛋黄 　　② 油皮包油酥 　　③ 擀成舌形
④ 卷起，松弛10分钟 　　⑤ 再擀一次 　　⑥ 卷起 
⑦ 擀圆 　　⑧ 包馅 　　⑨ 刷蛋液（两次） 
⑩ 撒芝麻 　　⑪ 放入烤箱烘烤（上火 200 ℃、下火 180  ℃）　　⑫ 成品 

图 1-61　蛋黄酥的制作流程

四、注意事项

（1）在开酥时，一定要注意松弛到位，皮跟馅的软硬度保持一致，折叠时，一定要对整齐。

（2）开好酥的酥皮要用湿毛巾或保鲜膜盖上，防止吹干。

（3）在咸蛋黄上喷洒白酒，再烘烤一下，可以去异味。

（4）在用皮包制馅料时一定要包均匀，包圆，不能露馅。

五、成品评判指标

（1）色泽金黄、均匀、鲜艳、有亮光。

（2）皮馅均匀，层次分明，皮、馅、蛋黄的位置适当，无大空洞，不跑糖、露馅，无杂质。

实操案例二 黄金椰丝球的制作工艺

一、工具设备

烤箱、烤盘、搅拌器和不锈钢盆等。

二、材料及配方

低筋面粉 105 克、奶粉 45 克、牛奶 60 克、蛋黄 6 个、糖粉 150 克、黄油 150 克、椰丝适量（沾表面）。

三、制作流程

黄金椰丝球的制作流程如图 1-62 所示。

① 黄油软化
② 加入糖粉 
③ 拌匀、稍打发 
④ 分次加入蛋黄  
⑤ 加入牛奶并拌匀 
⑥ 加入低筋面粉、奶粉、椰丝，拌匀成团 
⑦ 分割为 15 克/个，成型 
⑧ 沾椰丝 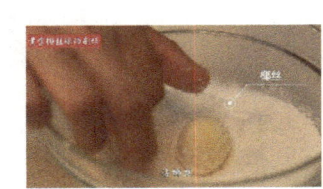
⑨ 入烤盘，排列整齐 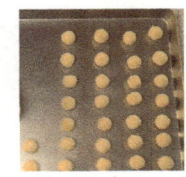
⑩ 放入烤箱烘烤（上火 170 ℃、下火 150 ℃）
⑪ 烘烤 15～20 分钟、表面金黄即可 
⑫ 成品 

图 1-62 黄金椰丝球的制作流程

四、注意事项

（1）先设定烤箱温度。

（2）烘烤由专人监管。

（3）成型大小一致，排列整齐。

五、成品评判指标

黄金椰丝球成品的特征是表面金黄，外皮香脆，内部酥软。

实操案例三 蔓越莓曲奇的制作工艺

一、工具设备

烤箱、烤盘、电子秤、搅拌器、刮刀和刮板等。

二、材料及配方

低筋面粉 230 克、糖粉 120 克、黄油 150 克、全蛋液 30 克、蔓越莓干 70 克。

三、制作流程

蔓越莓曲奇的制作流程如图 1-63 所示。

①黄油软化后，加入糖粉拌匀

②分次倒入全蛋液拌匀

③倒入过筛的低筋面粉和蔓越莓干，拌匀

④用手揉面团

⑤将面团分为 10 克/个

⑥搓圆，均匀地放置在烤盘上

图 1-63 蔓越莓曲奇的制作流程

⑦用手压成厚度一致的原片 　　　　　⑧放入烤箱烘烤（上火 150 ℃、下火 140 ℃，烘烤 20 分钟）

图 1-63　蔓越莓曲奇的制作流程（续）

四、注意事项

（1）奶油打发至乳霜状：乳黄色，充分充气。
（2）蛋黄分次加入，拌匀后方可加入下一批。
（3）面粉过筛后也分两次加入，避免走油。

五、成品评判指标

蔓越莓曲奇成品的特征是表面金黄色，避免淡黄色或焦黑色，口感酥松，一咬即开。

实操案例四 珍妮曲奇的制作工艺

视频讲解

一、工具设备

烤箱、烤盘、搅拌机、裱花袋、8 星裱花嘴、长柄刮板、高温布、剪刀等。

二、材料及配方

黄油 550 克、糖粉 130 克、盐 5 克、牛奶 50 克、高筋面粉 310 克、低筋面粉 290 克、玉米淀粉 115 克、奶粉 75 克。

三、制作流程

珍妮曲奇的制作流程如图 1-64 所示。

①盐和牛奶融化备用 　　②将过筛的糖粉加入黄油中打至微发 　　③分次加入备用的牛奶和盐

图 1-64　珍妮曲奇的制作流程

④将高筋面粉、低筋面粉、玉米淀粉、奶粉过筛 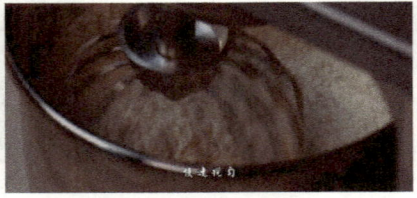　⑤加入搅拌机，慢速搅匀 　⑥用8星裱花嘴挤在烤盘上

⑦将挤好的曲奇放入冰箱，冷冻固型 　⑧放入烤箱烘烤（上火180 ℃、下火140 ℃，烘烤20分钟）

图1-64　珍妮曲奇的制作流程（续）

四、注意事项

（1）奶油打发至乳霜状：乳黄色，充分充气。
（2）面粉过筛后分两次加入，避免走油。
（3）如果做抹茶味的，就加35克抹茶粉。

五、成品评判指标

珍妮曲奇成品的特征是表面金黄色，避免淡黄色或焦黑色，口感酥松，一咬即开。

实操案例五　葡式蛋挞的制作工艺

视频讲解

一、工具设备

烤箱、烤盘、电磁炉、刮板、打蛋器、量杯和模具等。

二、材料及配方

牛奶50克、糖粉75克、蛋黄100克、淡奶油250克。

三、工艺流程

葡式蛋挞的制作流程如图1-65所示。

① 牛奶+糖粉隔水加热，化糖 　　②加入蛋黄、淡奶油拌匀 　　③过滤

④倒入挞皮 　　⑤放入烤箱烘烤（上火220 ℃、下火230 ℃，烘烤18分钟） 　　⑥成品

图 1-65　葡式蛋挞的制作流程

四、注意事项

加入淡奶油，不要过多搅拌，防止淡奶油打发。

五、成品评判指标

（1）外层酥皮金黄，层次分明，层层相叠；内馅表面有不规则焦点，呈金黄色。
（2）外层酥皮酥脆，内馅口感软滑香甜。

其他实操案例，包括椰挞、榴莲芝士饼、曲奇饼干的制作工艺，请扫描如下二维码观看。

其他实操案例

项目四　蛋糕的制作

任务一　蛋糕的认知

蛋糕是一种传统经典的西点，一般是以鸡蛋、白糖和小麦面粉为主要原料，以牛奶、果汁、奶粉、香粉、色拉油、水、起酥油和泡打粉为辅料，经过搅拌、调制和烘烤后制成的一种酥松绵软的烘焙类食品。蛋糕的现有品种越来越多，不少蛋糕还使用奶油、巧克力和奶酪芝士等辅料，呈现出不同的口感和造型。

一、蛋糕的主要类型

（一）重油蛋糕

重油蛋糕也称为磅蛋糕，是用大量的黄油经过搅打再加入鸡蛋和面粉制成的一种面糊类蛋糕。主要原料为糖、油脂和面粉，其中油脂的用量较多，并依据其用量来决定加入多少的化学膨松剂。其主要膨发途径是通过油脂在搅拌过程中结合拌入的空气，而使蛋糕在炉内膨胀。代表性品种有牛油戟蛋糕和红枣蛋糕（见图1-66）等。

（二）戚风蛋糕

戚风蛋糕是混合面糊类和乳沫类两类蛋糕的方法制作而成，即蛋白与糖及酸性原料按乳沫类蛋糕制作方法进行打发，其余干性原料、流质原料和蛋黄则按面糊类蛋糕制作方法进行搅拌，最后把两者混合起来即可。代表性品种有戚风蛋卷和草莓戚风蛋糕（见图1-67）等。

图1-66　红枣蛋糕　　　　图1-67　草莓戚风蛋糕

（三）海绵蛋糕

海绵蛋糕属于轻蛋糕，主要制作原理是使蛋液中充入大量的空气，经过烘焙使空气受热膨胀而把蛋糕体积撑大。这类蛋糕可以不加油脂，质地柔软，故又称轻蛋糕，是最早出现的蛋糕。在常温下，冬季可保存3天，夏季可保存1天。

（四）慕斯蛋糕

慕斯蛋糕是用明胶凝结乳酪及鲜奶油制作而成，不必烘烤即可食用，是现今高级蛋糕的代表。夏季要低温冷藏，冬季无须冷藏，可保存3~5天。

二、蛋糕的制作流程

面糊调制→装盘（装模）→烘烤→冷却→成品。

（一）面糊调制

蛋糕有不同的面糊调制方法，应视其配方中成分和内部组织的结构要求，使用不同的搅拌方法。

1. 糖油拌合法

糖油拌合法是糖和油脂在搅拌过程中充入大量空气，使烤出来的蛋糕体积较大、组织松软。此类搅拌方法目前为多数蛋糕师傅所采用，其拌合程序如下。

（1）使用桨状搅拌器将配方中所有的糖、盐和油脂倒入搅拌缸内，用中速搅拌约8~10分钟，直至所搅拌的糖和油脂膨松呈绒毛状，停止机器，把缸底未搅拌均匀的油脂用刮刀拌匀，再次搅拌。

（2）将蛋液分次慢慢加入第一步已拌发的糖油中，并把缸底未拌匀的原料拌匀，待最后一次加入，应拌至均匀细腻，不应再有颗粒存在。

（3）将奶粉溶于水，面粉用粉筛过滤，分三次与奶水交替加入以上混合物内，每次加入时，应呈线状，慢慢地加入搅拌物的中间。用桨状搅拌器低速继续将加入的干性原料拌至均匀光泽，然后停止搅拌器，将搅拌缸四周及底部未搅到的面糊用刮刀刮匀。再继续添加剩余的干性原料和奶水，直到全部原料加入并拌至面糊光滑、均匀即可，要避免搅拌太久。

2. 面粉油脂拌合法

与糖油拌合法大致相同，但经本法拌合的面糊所做成的蛋糕较糖油拌合法所做的更为松软，组织更为细密。用糖油拌合法所做的蛋糕体积较大，所以我们如需要较大体积的蛋糕时，可采用糖油拌合法；如需要组织细密而松软的蛋糕时，应采用面粉油脂拌合法。使用本法时，油脂用量不能少于60%，否则得不到应有的效果。其拌合程序如下。

（1）将配方内面粉筛匀，与所有的油脂一起放入搅拌缸内，用桨状搅拌器慢速拌打1分钟，使面粉表面全部被油脂黏附后改用中速将面粉和油脂拌和均匀，在搅拌中途需将机器停

止，把缸底未能拌到的原料用刮刀刮匀，然后拌至面糊膨发松大，约需 10 分钟。

（2）将配方中糖和盐加入已打松的面糊内，用桨状搅拌器中速搅拌均匀，时间约 3 分钟，不要搅拌过久。

（3）改用慢速将配方内 3/4 的奶水慢慢加入，拌和均匀后再改用中速将蛋液分两次加入，每次加蛋液时需将机器停止，把缸底未能拌到的原料用刮刀刮匀，再把面糊拌匀。

（4）最后加入剩余 1/4 的奶水，改用中速搅拌，直到所有糖全部溶解为止。

3. 两步拌合法

本法较以上两种方法略为简便。其拌合程序如下。

（1）将配方内所有干性原料包括面粉、糖、盐、泡打粉、奶粉和油脂与水混合，用桨状搅拌器慢速搅拌，避免飞扬，再改用中速搅拌 3 分钟，停止机器，将缸底原料刮匀。

（2）将全部蛋液改用慢速加入，待全部加完后停止机器，将缸底原料刮匀，再改用中速继续搅拌 4 分钟。

4. 糖蛋拌合法

本法主要用于戚风蛋糕。其主要起发途径是靠蛋液的起泡，其拌合程序如下。

（1）将全部的糖、蛋液倒入洁净的搅拌缸内，先用桨状搅拌器慢速搅拌均匀。

（2）用高速将蛋液搅拌到呈乳黄色（冬天可在缸下面盛放热水以加快蛋液起泡程度），当用搅拌器勾起蛋液，蛋液尖峰向下弯，呈公鸡尾状时，加入过筛的面粉和泡打粉，慢速拌匀。

（3）把色拉油或溶化的奶油加入拌匀。

5. 使用蛋糕油的搅拌方法

蛋糕油的主要成分是单酸甘油酯加上棕榈油构成的乳化剂，又称蛋糕乳化剂或蛋糕起泡剂，制作海绵蛋糕时使用，可缩短打发时间，提高出品率，降低成本，且烤出的成品组织均匀细腻、口感松软。使用蛋糕油的搅拌方法，可分为一步拌合法、两步拌合法和分步拌合法。

（1）一步拌合法是指将配方内的所有原料（蛋糕油除外）放入搅拌缸内，一次搅拌完毕。采用该法时，使用低筋面粉、细砂糖和蛋糕油的用量大于 4%。所得到的蛋糕成品内部组织细腻，表面平滑、有光泽，但体积稍小一些。其拌合程序如下。

把除蛋糕油之外的所有原料一起投入搅拌缸内，使用球状搅拌器，先慢速搅拌 1~2 分钟，待面粉全部拌和均匀后再改用高速搅拌 5 分钟。然后改用慢速搅拌 1~2 分钟，同时慢慢加入蛋糕油，拌匀即可。

（2）两步拌合法是指将原料（蛋糕油除外）分两次加入，进行两次搅拌。该法对原料的要求及成品品质均介于一步法与分步法之间。其拌合程序如下。

① 把蛋液、糖、水、蛋糕油加入搅拌缸内，用球状搅拌器慢速搅拌 1~2 分钟，再改用高速搅拌 5~6 分钟。

② 改用慢速加入面粉，充分拌匀后，改用高速搅拌 0.5~1 分钟。

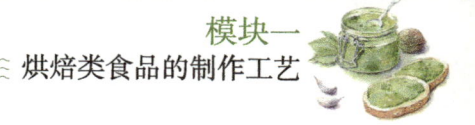

③ 加入蛋糕油，改用慢速拌匀。

（3）分步拌合法是指将原料分几次加入，与传统搅拌法相似，只是加了蛋糕油。该法对原料要求不是很高，蛋糕油的用量也可以小于 4%。所得到的蛋糕成品内部组织比传统方法的要细腻，但比一步法的稍差些，体积较大。低成分的海绵蛋糕常用此法。其拌合程序如下。

① 把蛋液、糖两种原料按传统方法搅拌。

② 等到蛋液起发到一半体积时，加入蛋糕油，并用球状搅拌器高速搅拌，同时慢慢地加入水，至蛋液呈公鸡尾状时，改用慢速拌匀。

③ 加入已过筛的面粉，用手（或把搅拌机调到慢档）搅匀。

④ 加入蛋糕油，拌匀。

（二）装盘（装模）

面糊调制后，必须装于烤盘或模具内，每种烤盘都必须经过预处理才能盛装面糊。

1. 烤盘的种类及预处理

用于盛装面糊的烤盘（或模具）有高身平烤盘、吐司烤盘、空心烤盘、生日蛋糕圈、梅花盏和西洋蛋糕杯等。使用前要经过如下预处理。

（1）烤盘内壁涂上一层薄薄的色拉油，但戚风蛋糕不能涂油。

（2）在涂过油的烤盘上垫上油纸，或撒上面粉（也可用生粉），以便于出炉后脱模。

2. 面糊的装盘

蛋糕面糊量应与蛋糕烤盘大小相一致，过多或过少都会影响蛋糕的品质，同样的面糊使用不同比例的烤盘所做出来的蛋糕体积、颗粒都不相同，而且增加蛋糕的烤焙损耗。蛋糕面糊因为种类和配方、搅拌方法不同，所以面糊装盘的数量也不相同，最标准的装盘数量要经过多次的烘焙试验，使用同样大小的烤盘，分装不同重量的面糊，比较各盘所烤的蛋糕组织和颗粒，看哪个重量的面糊所做的蛋糕品质最为优良，即以该面糊的重量作为该项蛋糕装盘的标准。

（三）烘烤

面糊混合好后应快速放到烤盘中，进炉烘烤。如果面糊不立即烘烤，在进入烤箱之前应连同烤盘一起冷藏，可降低面糊温度，从而减少膨发力引起的损失。蛋糕烘烤是一项技术性较强的工作，是制作蛋糕的关键因素之一。

1. 烘烤前的准备工作

（1）必须了解蛋糕的性质及所需要的烘焙温度和时间。

（2）熟悉烤箱性能，正确掌握烤箱的使用方法和蛋糕制作工艺。

（3）在混合配料前应该将烤箱预热，确保面糊放入烤箱时，烤箱已达到相应的烘烤温度。

（4）备好蛋糕的出炉、取出和存放的空间及相应的器具，保证后面的工作有条不紊地

进行。

2. 蛋糕烤盘在烤箱中的排列

盛装面糊的烤盘应尽可能地放在烤箱中心部位，烤盘不应与烤箱壁接触。若烤箱中同时放进 2 个或 2 个以上的烤盘，应确保烤箱内热气流能自由地沿每一烤盘循环流动，两烤盘之间彼此不接触，更不能把一个烤盘直接放于另一个烤盘之上。

任务二　慕斯蛋糕的制作

一、慕斯蛋糕的定义

慕斯蛋糕（见图 1-68）是以牛奶、胶冻、糖和蛋黄为基本原料，以打发性蛋白、打发性鲜奶油为主要填充原料制成的胶冻类蛋糕。慕斯蛋糕的外形、色泽、结构和口味变化丰富，更加自然纯正，通常是加入奶油与胶类凝固剂来制作成浓稠冻状的效果。

图 1-68　慕斯蛋糕

二、慕斯蛋糕的特点

慕斯蛋糕与布丁一样属于甜点的一种，其性质较布丁更柔软，入口即化。制作慕斯蛋糕最重要的原料是胶冻（如琼脂、鱼胶粉、果冻粉等）。慕斯蛋糕需要置于低温处存放。制作慕斯蛋糕时最大的特点是配方中的蛋白、蛋黄和鲜奶油都要单独与糖打发，再混一起拌匀，所以慕斯蛋糕质地较为松软。

三、慕斯蛋糕的基本制作工艺

首先将牛奶与胶冻隔水加热至胶冻溶化，蛋黄与糖混合拌匀，加入牛奶胶冻混合液中，加热至 80～90 ℃，冷却至 30 ℃左右时，加入打发好的鲜奶油，混合均匀。倒入模具中，放置于冰箱内冷冻成型。如果慕斯在 2 小时后没有出现冻硬的迹象，那就表示冷冻温度不够低或是浆料太稀不能使其充分凝固，这种情况下视为制作失败。脱模后在慕斯蛋糕表面进行装饰即可。通过添加不同的材料，慕斯蛋糕可以变化出不同的口味。

因为慕斯蛋糕是由牛奶和胶冻凝结成型，所以必须借助夹层或外层的蛋糕坯或饼干的力量来衬托成型。一般情况下，慕斯蛋糕在冷藏的状态下口感最好，放在冷藏柜中保质期一般为3天，超过3天后，慕斯蛋糕的内部水分会流失，造成内部塌陷、气孔粗大，影响口感。

四、慕斯蛋糕的分类

（一）从外观上分类

1. 杯装类慕斯蛋糕

杯装类慕斯蛋糕是指利用一些很漂亮的容器，将慕斯浆料装入其中形成的一种慕斯蛋糕。

2. 切块类慕斯蛋糕

切块类慕斯蛋糕是指可以用刀任意切成各种形状的慕斯蛋糕。

杯装类与切块类慕斯类蛋糕如图1-69所示。

图1-69　杯装类与切块类慕斯蛋糕

（二）从口味上分类

慕斯蛋糕从口味上分类，大致分为水果类、乳酪类、巧克力类、坚果类、茶类、塔派类、水果果冻类等多种口味。

1. 水果类慕斯蛋糕

水果类慕斯蛋糕（见图1-70）是指利用一些新鲜水果或果酱、果汁和果粒为主要原料制作而成的一类水果口味的慕斯蛋糕。一般情况下，草莓、芒果、猕猴桃、香蕉和水蜜桃这几种软质水果用得比较多，常常以水果为主要内馅，表面装饰果酱和一些新鲜水果作为搭配。

图1-70　水果类慕斯蛋糕

2. 乳酪类慕斯蛋糕

乳酪类慕斯蛋糕是指将各种不同口味、不同类型的奶酪加入慕斯糊中制作而成的具有特殊奶香味的慕斯蛋糕。乳酪类慕斯蛋糕最具代表性的作品应该是提拉米苏（见图1-71），它以手指饼干为支撑点，搭配浓缩咖啡和红酒增加其香味，中间混合了奶酪、蛋、鲜奶油和糖的柔软奶酪糊，表面以可可粉或巧克力粉为主要装饰材料。

图 1-71　提拉米苏

3. 巧克力类慕斯蛋糕

巧克力类慕斯蛋糕（见图 1-72）是指利用巧克力所具有的一种很独特的细滑口感，在蛋糕表面以软质巧克力酱作为装饰，或用巧克力喷枪在蛋糕表面喷上巧克力颗粒，装饰上巧克力装饰件，整体以巧克力为主制作而成的一种特色慕斯蛋糕。

4. 坚果类慕斯蛋糕

坚果类慕斯蛋糕是指将烤熟的果仁粉碎或果仁酱添加在慕斯糊中形成一种特殊的果仁味慕斯蛋糕。还可以将整粒果仁作为夹心，表面用一些巧克力装饰件和果仁搭配，形成各种果仁口味。一般情况下，开心果、核桃、榛子和板栗这几种用得比较多。在坚果类慕斯蛋糕中，最具代表性的作品应该是蒙布朗（见图 1-73），蒙布朗是以板栗为主要材料，搭配朗姆酒做出来的一种特殊口味的慕斯蛋糕，外形以线条的形式一根一根地挤在蛋白饼的表面，形成一种特殊形体的慕斯蛋糕。

图 1-72　巧克力类慕斯蛋糕　　　　图 1-73　蒙布朗

5. 茶类慕斯蛋糕

茶类慕斯蛋糕是指利用各种不同口味的茶叶添加到慕斯糊中制作而成的一种慕斯蛋糕。最初的茶类慕斯蛋糕是将茶叶放入牛奶中煮，待茶味完全散发出来以后捞出，再加入鲜奶油等材料制作而成，而现在则是直接将各种茶味的粉类加入配方中制作而成，目前抹茶慕斯蛋糕在市场中的生产量最大。

6. 塔派类慕斯蛋糕

塔派类慕斯蛋糕是指将慕斯糊或各种馅料、甜点浆料充填于塔壳或派壳等面团中制作而成的一种慕斯蛋糕。此类慕斯蛋糕源自古罗马时代派类点心、盘状点心。塔派类慕斯蛋糕的口味没有规定，任何一种口味都适合。塔、派的外形比较容易变化，从而使慕斯蛋糕的外观也有了一定的变化空间。代表性品种有树莓慕斯巧克力塔（见图 1-74）。

7. 水果果冻类慕斯蛋糕

水果果冻类慕斯蛋糕是指将各种水果搭配在果冻中制作而成的一种慕斯蛋糕。此类慕斯蛋糕利用果冻的嫩滑感与慕斯的奶香味互相搭配，形成一种难忘的口感，再加上外表晶莹透亮的特殊效果，看起来让人特别有食欲。代表性品种有树莓果冻慕斯蛋糕（见图 1-75）。

图 1-74　树莓慕斯巧克力塔

图 1-75　树莓果冻慕斯

五、慕斯蛋糕的制作示例

（一）草莓慕斯蛋糕（见图 1-76）

1. 原料及配方

淡奶油 100 克，草莓 400 克，蛋糕坯一片（厚约 1 厘米），明胶 15 克，糖适量。

图 1-76　草莓慕斯蛋糕

2. 制作过程

（1）准备一个活底蛋糕模具，在模具内侧铺一层切成两半的草莓，剩下的草莓切碎备用。

（2）把淡奶油倒入容器中加入适量糖，用打蛋器稍微搅拌到淡奶油呈浓稠状，加入碎草莓，继续搅拌到提起打蛋器后淡奶油能缓缓落下的程度。

（3）把明胶放在小碗中，加入 80 ℃热水搅匀，待稍凉后，倒入打发后的淡奶油中搅拌均匀，即为慕斯糊。

（4）把搅拌好的慕斯糊倒入准备好的模具中，铺平，把蛋糕坯覆盖在慕斯糊上面，用手在表面轻压，使慕斯糊与蛋糕坯贴合。

（5）放入冰箱冷藏 2 小时以上，取出后脱模，并进行装饰。

（二）酸奶慕斯蛋糕（见图 1-77）

1. 原料及配方

酸奶 500 克、吉利丁粉 50 克、淡奶油 1 000 克、果酱 30 克、蛋糕坯两片、糖 35 克。

2. 制作过程

（1）淡奶油提前打发到六成即可。

图 1-77 酸奶慕斯蛋糕

（2）使用电磁炉将水加热，取一容器放入水里，隔水加热。

（3）将 500 克酸奶倒入容器内，加热至 50 ℃。

（4）将 30 克果酱加入酸奶中，搅拌均匀，直到无颗粒出现。

（5）将 50 克吉利丁粉加入酸奶中，搅拌均匀，直到无颗粒出现。

（6）把容器从锅中取出，放入冷水中冷却，冷却过程中需搅拌。

（7）将打发好的淡奶油加入容器中，搅拌均匀。

（8）将搅拌均匀的原料倒入慕斯圈中，放入冰箱冷藏。

（9）蛋糕坯剪成比慕斯圈小一圈的片。

（10）吉利丁粉浸泡于酸奶中至软化后，加入糖，再隔水加热融化。

（11）脱模后进行表面装饰即可。

任务三　裱花蛋糕的制作

裱花蛋糕（见图 1-78）由蛋糕坯和装饰料组成。装饰料多采用蛋白霜、奶油、果酱和水果等原料。而裱花就是用膏状装饰料，在蛋糕坯或其他制品上裱注不同花纹和图案的过程。

图 1-78　裱花蛋糕

一、裱花工具

裱花是一种艺术性很强的工作，所以要用到的工具很多，有锯齿刀、平刀、抹刀、雕刀、剪刀、美工刀、餐刀、铲刀、不锈钢盆、裱花嘴、喷枪、喷火枪、巧克力溶解器、不锈钢尺、软刮板、三角刮板、裱花袋、蜡纸、裱花棒和转台等。其中，裱花嘴（见图 1-79）是裱花蛋糕裱花过程中使用频率最高的工具。

二、裱花嘴样式及造型

裱花嘴样式及造型如图 1-79 所示。

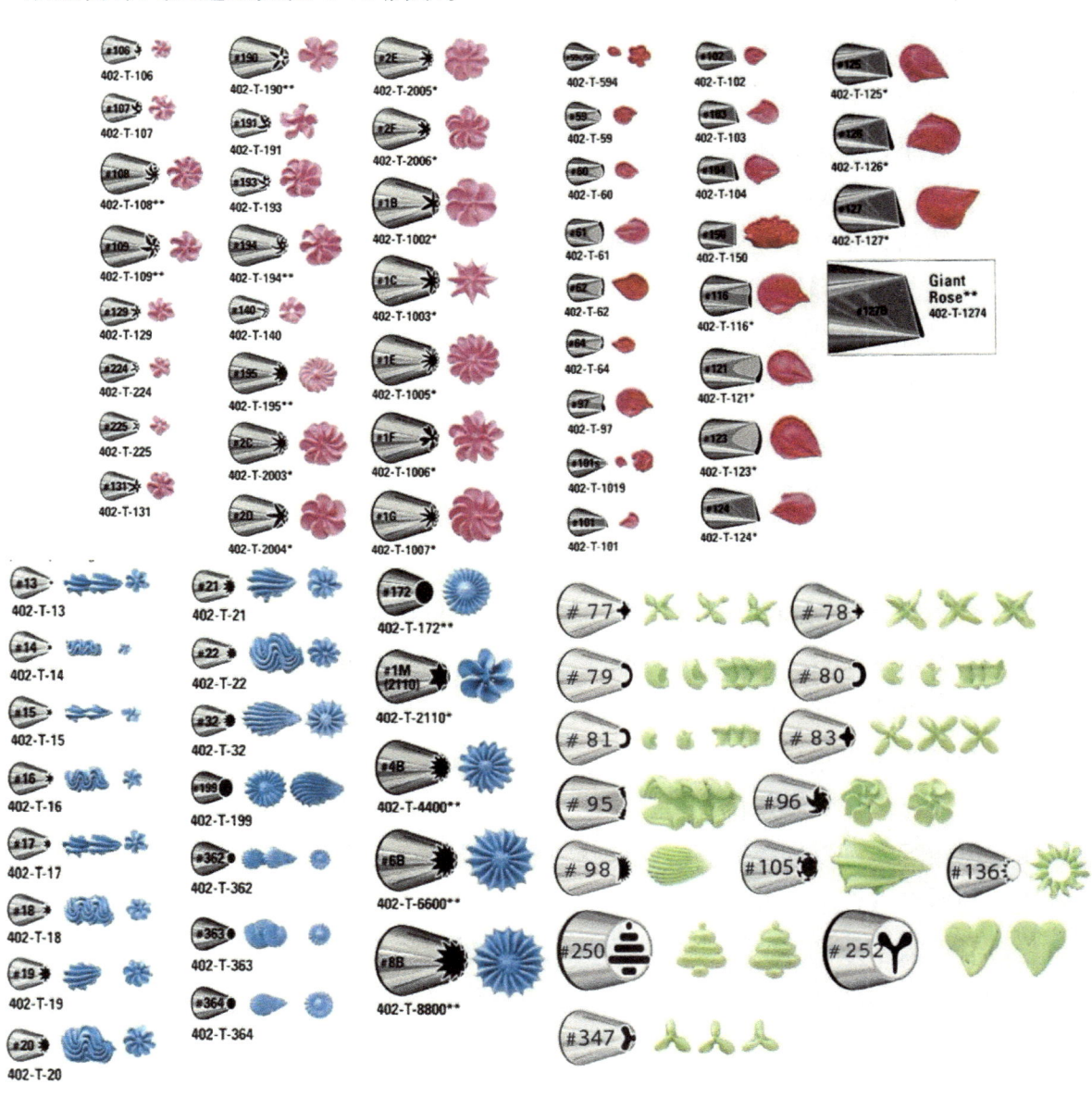

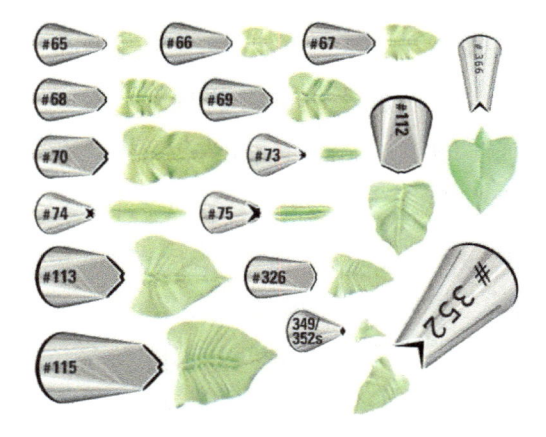

图 1-79　裱花嘴

三、裱花色彩的运用

（一）色彩象征的意义

绿色——稳重，舒适，有生命力。

蓝色——清爽，有活力，产生遐想。

黄色——健康，活泼，辉煌。

橙色——活力，健康。

白色——纯洁，干净，是蛋糕的基本色。

粉色——温柔，可爱，甜美。

红色——燃烧，热情，喜庆。

黑色——高贵并隐藏缺陷。

灰色——随和。

咖啡色——成熟，稳重，是巧克力的基本色。

（二）色彩的运用及搭配

裱花蛋糕要注意色彩的运用和搭配，才能更好地呈现其艺术魅力。

红色，一般用于醒目、喜庆、前进等含义。浅红色一般较为温柔、幼嫩。深红色一般可以作为衬托，有比较深沉、热烈的感觉。红色与浅黄色最为匹配，与绿色、橙色、蓝色相斥，与奶黄色、灰色为中性搭配。

橙色，一般可以作为喜庆的颜色，同时，也可以作为富贵色，可以增加食欲。橙色与浅绿色、浅蓝色相配，可以构成明亮、欢快的色彩。橙色与淡黄色相配，有一种很舒服的过渡感，一般不与紫色或深蓝色相配。

黄色，有着太阳般的光辉、灿烂与辉煌，象征着照亮黑暗的智慧之光，是骄傲的色彩。黄色几乎能与所有的颜色搭配，如果要醒目，不能放在其他浅色上，深黄色一般不与深红色及深紫色相配。

绿色，大度、宽容，几乎能容纳所有的色彩。深绿色与浅绿色搭配有一种和谐、安宁的感觉。绿色与白色相配，显得很年轻。浅绿色与黑色相配，显得美丽、大方。绿色与浅红色相配，象征着春天的到来。深绿色一般不与深红色相配。

蓝色，博大的色彩，是永恒的象征，也是最冷的色彩。不同的蓝色与白色相配，表现出明朗、清爽与洁净。蓝色与黄色搭配，对比度大，较为明快。大块的蓝色一般不与绿色相配，它们会互相渗透。深蓝色不能与深红色、深紫色、深棕色、黑色搭配。

紫色，强烈的女性化色彩。紫色是非知觉的色，美丽而又神秘，多用来表现神圣的爱。

粉色，多用于年轻女性，色彩不能过于偏重，不能与灰色和黑色搭配。

灰色，在色彩体系中是被动色彩，依靠别的颜色获得生命，在搭配色中占有相当主要的地位。

四、裱花蛋糕制作工艺

（一）制作流程

1. 蛋糕坯的制作流程

全蛋液→打发→调糊→注模→烘烤→脱模→蛋糕坯

2. 奶油糖膏的制作流程

蛋白→打发→加糖浆搅匀→奶油糖膏

3. 蛋糕裱花的制作流程

蛋糕坯→涂面→构图→裱花→写字→饰边→裱花蛋糕

（二）主要工艺及操作要点

1. 打发

将鸡蛋去壳，白砂糖粉碎成糖粉，一起放入打蛋盆内，用球状搅拌器高速搅拌，使空气大量充入蛋液中，并使糖粉溶化，最终形成稳定、饱和泡沫的黏稠胶体。注意蛋液温度一般在 20 ℃较合适，搅拌频率为 250 转/分钟，搅拌时间 30 分钟左右为宜。

2. 调糊

调糊又称和粉，当蛋液打发合适后，即可加入事先已过筛的面粉，操作时要轻轻地混合，球状搅拌器改慢速。如搅拌过快、时间过长，面粉容易起筋，制品内部容易形成硬块，外表不平。面糊要随调随用，不宜放置太久，否则面糊容易下沉，所以要求调糊后及时注模烘烤，一般要在 15～20 分钟内完成。

3. 注模

注模前要先将模具刷净、涂油或垫底。注模时注意面糊的装量，以保证蛋糕的规格、质量，不能装量过满，以防烘烤后体积膨胀溢出模外，影响外观形状，降低质量。

4. 烘烤

烘烤是蛋糕的熟制过程，也是蛋糕制作工艺的关键。一般将烤箱温度升到 180 ℃才将面糊放入。面糊在箱内定型前处于半流体状态，烤盘不要随意震动，避免"走气"，使制品中心下陷。蛋糕烘烤时模具要放平整，即利用烤箱内的热量，通过传导热、对流热辐射的作用使制品成熟，烘烤时间一般为 10～15 分钟。

5. 脱模

蛋糕烘烤成熟出炉后，要趁热脱模，冷却后即成蛋糕坯。

6. 制作奶油糖膏

先把糖粉、葡萄糖和清水倒入锅中，加热溶化后煮成糖浆（勿黄勿焦）。然后，徐徐倒入预先已打发并黏稠不泻的蛋白浆内，继续打发成白色稠状的蛋白糖浆，静置 20 分钟，将冷却后的蛋白糖浆加入事先加热融化的奶油，搅拌均匀即成奶油糖膏。

7. 涂面

舀一勺奶油糖膏在蛋糕坯上，用长刮刀将奶油糖膏均匀地涂满蛋糕坯表面和四周，要求

刮面平整，最后用抹刀将奶油糖膏抹平整。

8. 构图

裱花蛋糕构图分为立体和平面两种，一般以平面构图为多，平面构图的操作顺序是先裱花边，再裱主花，最后锁边。要求图案对称，结构严谨，庄重大方，饱满匀称，有艺术水平，且与使用场合协调。

9. 裱花、写字、饰边

先用薄刀去掉蛋糕坯表面的焦皮，用少许奶油糖膏涂抹在表面上，抹匀抹平，将裱花嘴装入裱花袋中，然后灌入奶油糖膏，左手捏住袋口，以免奶油糖膏漏出，右手捏在离裱花嘴5厘米处。然后根据要求裱花、写字、饰边，即为裱花蛋糕成品。

任务四　芝士蛋糕的制作

芝士蛋糕（见图1-80）是指用芝士（如乳清干酪或奶油奶酪）作主要原料，再加上糖和其他的配料（如鸡蛋、奶油、椰蓉和水果等）制作而成的蛋糕，又名起司蛋糕、干酪蛋糕，是西方甜点的一种，英文是cheese cake。

图1-80　芝士蛋糕

芝士蛋糕通常以饼干作为底层，也有不使用底层的。有固定的几种口味（如原味芝士、香草芝士和巧克力芝士等），表层加上的装饰水果常常是草莓或蓝莓，也有不装饰或只在顶层简单抹上一薄层蜂蜜的。芝士蛋糕在组织结构上比普通蛋糕扎实，但质地却比普通蛋糕绵软，口感比普通蛋糕湿润。

一、认识芝士

芝士（cheese）（见图1-81），又名干酪、奶酪、起司，是一种将牛奶放置一定时间，产生乳酸之后，添加酶制剂制作的食品。

芝士通常是以牛奶为原料制作的，但也有以山羊奶、绵羊奶制作的。大多芝士呈乳白色或金黄色。传统的芝士含有丰富的蛋白质、脂肪、维生素A、钙和磷。现代也有用脱脂牛奶作的低脂肪芝士。而中国的芝士品种除了西方的传统芝士制品，还有少数民族用各种非乳酸菌制成的芝士。

芝士按照做法和外形分为鲜芝士、花皮软芝士（又称白纹芝士）、富强芝士、洗皮芝士、青纹芝士、硬熟芝士、生压芝士等。

图 1-81 芝士

二、芝士蛋糕的分类

芝士蛋糕又分为重芝士蛋糕和轻芝士蛋糕，重芝士蛋糕又有冻芝士和烤芝士的制作方法，主要原料都是奶油奶酪。

（一）冻芝士蛋糕

冻芝士蛋糕的做法和慕斯蛋糕相似，吃起来像冰激凌。冻芝士蛋糕会用饼干或蛋糕坯当底，将奶油奶酪隔水加热，搅拌融化，加入吉利丁片、奶油、巧克力和水果等原料，灌入慕斯圈里，冷冻到凝固。代表性品种有抹茶冻芝士、巧克力冻芝士、奥利奥冻芝士和榴莲冻芝士等。

（二）烤芝士蛋糕

烤芝士蛋糕的代表有纽约芝士，将芝士糊用水浴法放入烤箱烤制而成，口感醇厚，芝士味道香浓，在全球广受追捧。

（三）轻芝士蛋糕

轻芝士蛋糕是在戚风蛋糕糊中加入奶油奶酪，靠蛋白的打发保持蓬松度，口感软糯细腻，并有奶酪的香味，通过隔水烘烤后湿润度高，更加轻盈，深受亚洲消费者的喜爱。

（四）半熟芝士蛋糕

半熟芝士蛋糕介于冻芝士蛋糕和轻芝士蛋糕之间，是通过轻度的烘焙方式，至半熟未熟的程度，状态更加轻盈，热量也因此降低。和重芝士蛋糕相比，半熟芝士蛋糕的芝士用量只有其 1/5 左右，而且烘焙的时间也只是重芝士蛋糕的一半。因为这一半的烘焙时间，才有了半熟芝士蛋糕这个概念。

三、常见芝士蛋糕的制作工艺

（一）布朗尼芝士蛋糕（见图 1-82）

1. 配料

（1）布朗尼蛋糕配料

黄油 50 克、黑巧克力 50 克、细砂糖 50 克、鸡蛋 40 克、酸

图 1-82 布朗尼芝士蛋糕

奶 20 克、中筋面粉 50 克。

（2）芝士蛋糕配料

奶油奶酪 210 克、细砂糖 40 克、鸡蛋 60 克、香草精 1/2 小勺（2.5 mL）、酸奶 60 克。

2. 做法

（1）准备一个 6 寸的蛋糕圆模，在模具内涂上一层软化的黄油（配方分量外），再洒上一些面粉（配方分量外）。摇晃模具使面粉均匀地粘在模具壁上，再倒出多余的面粉。这样处理可以使模具防粘。

（2）将黑巧克力和黄油切成小块，放入大碗里，隔水加热并不断搅拌，注意水温不要太高，直到黄油与巧克力完全融化。把碗从水里取出，加入细砂糖，搅拌均匀。

（3）继续加入鸡蛋、酸奶，搅拌均匀，筛入中筋面粉。

（4）用橡皮刮刀拌匀，使面粉和巧克力黄油糊完全混合，制成布朗尼蛋糕面糊。

（5）把布朗尼蛋糕面糊倒入准备好的模具里，抹平，放进预热好的烤箱中层，上、下火 180 ℃，烤 18 分钟左右，面糊完全定型以后取出。然后把烤箱的温度降至 160 ℃。

（6）将奶油奶酪隔水加热至软化（或提前放室温下 2 个小时，直到软化），加入细砂糖，用手动打蛋器打至光滑无颗粒。

（7）加入鸡蛋、香草精。

（8）用手动打蛋器用力搅拌均匀，直到混合均匀，成为浓滑的芝士糊。

（9）最后加入酸奶，搅拌均匀后即成芝士蛋糕面糊。

（10）将芝士蛋糕面糊倒在烤好的布朗尼蛋糕上（不必等到布朗尼蛋糕冷却）。

（11）用手端着蛋糕模，用力震两下，使内部的气泡跑出。将模具放回烤箱中层，上、下火 160 ℃，烤 30～40 分钟，直到芝士蛋糕彻底凝固定型，按上去内部没有流动感，并且表面烤成浅金黄色即可出炉。

（12）烤好的布朗尼芝士蛋糕冷却后，放入冰箱冷藏 4 个小时以上（或冷藏过夜），再切成块，即可食用。

（二）日式芝士蛋糕（见图 1-83）

1. 配料

奶油芝士 250 克、黄油 25 克、糖 25 克+50 克、鸡蛋 4 个、牛奶 1/4 量杯、香草精 1/4 量杯、面粉 25 克。

2. 做法

（1）鸡蛋分出蛋白和蛋黄，蛋糕模具刷油。

（2）将奶油芝士、黄油和 25 克糖打发至呈奶油状，加入蛋黄、牛奶和香草精。

（3）面粉筛匀，加入芝士混合物内，轻轻搅拌至看不到面粉。

图 1-83 日式芝士蛋糕

（4）蛋白与50克糖打发至挺身，徐徐混入芝士混合物内制成芝士糊。

（5）将芝士糊倒入蛋糕模，150℃水浴烘烤70分钟。

（6）日式芝士蛋糕出炉后冷藏即可。

实操案例

实操案例一　重油蛋糕的制作工艺

一、工具与设备

搅拌机、烤箱、烤盘、手动打蛋器、刮刀和刮板等。

二、材料及配方

鸡蛋5个、细砂糖200克、低筋面粉200克、泡打粉7克、香草粉5克、盐2克、色拉油200克、植脂淡奶油35克。

三、制作流程

重油蛋糕的制作流程如图1-84所示。

①将鸡蛋和细砂糖，倒入盆内拌至糖化

②加入过筛后的低筋面粉、泡打粉、香草粉、盐，搅拌至无颗粒状态

③慢慢加入色拉油、植脂淡奶油，边加边搅拌至均匀

④将面糊倒入蛋糕模具内，每个为100克

⑤放入烤箱烘烤（上火190℃、下火190℃，烘烤20分钟）

图1-84　重油蛋糕的制作流程

四、注意事项

注意烘烤温度和时间要适宜。

五、成品评判指标

重油蛋糕成品的特征是表面金黄色，微焦，外层不能烘烤过头。

实操案例二　海绵蛋糕的制作工艺

一、工具与设备

搅拌机、烤箱、烤盘、刮刀和刮板等。

二、材料及配方

鸡蛋3个、细砂糖100克、黄油30克、纯牛奶30克、低筋面粉100克。

三、制作流程

海绵蛋糕的制作流程如图1-85所示。

①牛奶和黄油分别放入大碗中备用 　②将鸡蛋加入搅拌机中，低速打散 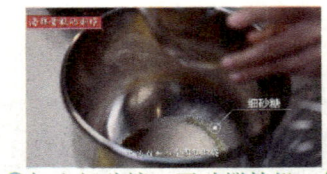　③加入细砂糖，开动搅拌机，低速混匀

④水加热到冒热气，将大碗中的牛奶和黄油隔水融化 　⑤继续开动搅拌机，高速打发蛋糊 　⑥打至蛋糕变稠，出现纹路时，将搅拌机转为低速，打至细腻状态

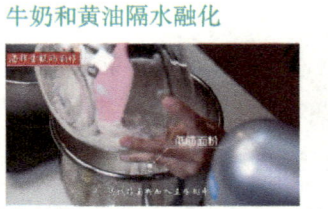

⑦将低筋面粉加入蛋糕中，用刮刀拌匀，手法轻快 　⑧翻转至无面粉后，加入黄油与牛奶，用刮刀拌匀 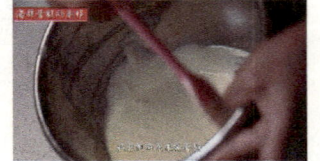　⑨将混匀的面糊倒回原来的面糊中，用刮刀拌匀

图1-85　海绵蛋糕的制作流程

⑩将拌匀的面糊倒入模具中，将模具在桌面轻敲

⑪放入烤箱烘烤（上、下火 180 ℃，烘烤 30 分钟）

图 1-85　海绵蛋糕的制作流程（续）

四、注意事项

（1）粉类要混合过筛。

（2）蛋黄要搅拌至无颗粒状。

（3）蛋白部分内不能有油，不能有蛋黄。

（4）蛋白部分的细砂糖分三次添加。

（5）蛋白打发至偏干性发泡（尖尖不倒状），不可打发过头。

（6）蛋白、蛋黄混匀时，要注意力度和方式。

（7）要有专人负责看烤箱。

五、成品评判标准

海绵蛋糕成品的特征是表面棕黄色，用手指触摸蛋糕表面裂开处，如感到坚实干燥而不黏手，即已烤熟。

实操案例三　拔丝蛋糕的制作工艺

一、工具与设备

搅拌机、烤箱、烤盘、刮刀和刮板等。

二、材料及配方

蛋黄部分：水 220 克、色拉油 120 克、低筋面粉 200 克、玉米淀粉 60 克、蛋黄 200 克、拔丝肉松 90 克。

蛋白部分：蛋白 400 克、糖粉 250 克、盐 2 克、塔塔粉 4 克。

三、制作流程

（一）准备

拔丝蛋糕的准备如图 1-86 所示。

图 1-86　拔丝蛋糕的准备

（二）蛋黄部分的制作

拔丝蛋糕蛋黄部分的制作流程如图 1-87 所示。

① 将水和色拉油倒入模具内拌匀

② 加入过筛的低筋面粉，玉米淀粉拌至无粉状态

③ 加入蛋黄拌至无颗粒状态

④ 加入拔丝肉松，拌匀，等蛋白打好了再加泡打粉

图 1-87　拔丝蛋糕蛋黄部分的制作流程

（三）蛋白部分的制作

拔丝蛋糕蛋白部分的制作流程如图 1-88 所示。

① 将蛋白倒入搅拌机，加入塔塔粉

② 中速搅拌至蛋白出现大泡泡，第一次加入糖粉

③ 中速搅拌至蛋白出现小泡泡，第二次加入白糖

图 1-88　拔丝蛋糕蛋白部分的制作流程

④快速搅拌至蛋白发白，第三次加入糖粉

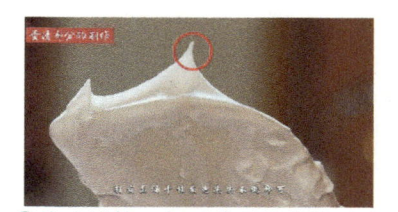

⑤快速搅拌，打至偏干性发泡（尖尖不倒状）即可

图 1-88　拔丝蛋糕蛋白部分的制作流程（续）

（四）蛋黄、蛋白部分的混匀

拔丝蛋糕蛋黄、蛋白部分的混匀流程如图 1-89 所示。

①将 1/3 的蛋白倒入蛋黄部分中

②快速上下拌匀

③拌匀后倒入蛋白部分中

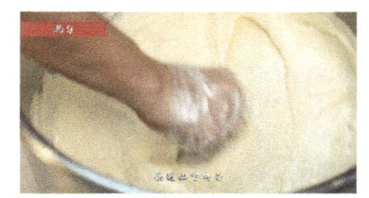

④快速上下拌匀

⑤将拌匀的蛋糕糊倒入事先准备好的蛋糕模中，在桌面振动几下

⑥放入烤箱烘烤（上、下火 180 ℃，烘烤 25 分钟）

图 1-89　拔丝蛋糕蛋黄、蛋白部分的混匀流程

四、注意事项

（1）粉类原料要混合过筛。
（2）蛋黄要搅拌至无颗粒状。
（3）蛋白部分内不能有油，不能有蛋黄。
（4）蛋白部分的糖粉分三次添加。
（5）蛋白打发至偏干性发泡，不可打发过头。
（6）蛋白、蛋黄混匀时，要注意力度和方式。
（7）要有专人负责看烤箱。

五、成品评判指标

拔丝蛋糕成品的特征是表面棕黄色，用手指触摸蛋糕表面裂开处，如感到坚实干燥而不黏手，即已烤熟。

食品工艺

实操案例四 慕斯蛋糕的制作工艺

一、工具设备

慕斯杯、搅拌机、电磁炉、刮刀、拌料盆和裱花袋等。

二、材料及配方

奶油奶酪 150 克、细砂糖 30 克、牛奶 20 克、蛋黄 32 克、细砂糖 40 克、牛奶 80 克、吉利丁片 15 克、蓝莓酱 100 克、金酒 4 克、淡奶油 200 克。

三、制作流程

慕斯蛋糕的制作流程如图 1-90 所示。

①将牛奶、蛋黄放入锅中

②加入细砂糖，一起隔水加热，煮至浓稠状

③待②中混合物冷却至 65 ℃左右，加入泡软的吉利丁片，搅至完全融化

④将另一份 20 克的牛奶和奶油奶酪一起放入锅中，隔水加热，搅至奶油奶酪完全融化（水温控制在 80 ℃以下）

⑤将③倒入④中搅匀

⑥待以上混合物冷却至 40 ℃左右，加入打发好的淡奶油并搅匀

⑦加入金酒搅匀

⑧将调好的慕斯液挤入杯中 1/3 处

⑨放一层蛋糕坯，再挤上一层慕斯液，至模具中八分满，震平后放入冰箱，冷冻 3 小时左右

图 1-90　慕斯蛋糕的制作流程

⑩在冻好的慕斯蛋糕表面挤上蓝莓酱和淡奶油

图 1-90　慕斯蛋糕的制作流程（续）

四、注意事项

（1）因为慕斯蛋糕是免烤产品，所以在操作时一定要注意卫生，器具都需要消毒处理。

（2）倒入模具的慕斯液要均匀无气泡，体现层次感，在模具与慕斯液接触的内层，撒些糖粉或抹点油润滑，易脱模。

（3）在慕斯制作过程中，酸性大的原料加热混合温度小于 40 ℃，如蓝莓和苹果等；中性的原料加热混合温度小于 60 ℃，如咖啡和巧克力等。

五、成品评判指标

（1）口感细腻，入口即化。

（2）规格和形状一致，美观大方，装饰适中。

实操案例五　蓝莓慕斯蛋糕卷的制作工艺

视频讲解

一、工具设备

电磁炉、拌料盆、烤箱、刮板、刮刀和模具等。

二、材料及配方

慕斯：蓝莓果泥 130 克、牛奶 60 克、糖 20 克、淡奶油 180 克、吉利丁片 8 克、朗姆酒 4 克。

蛋糕坯：蛋白 180 克、糖 90 克、塔塔粉 2 克、柠檬汁 2 克、奶油奶酪 50 克、牛奶 50 克、色拉油 40 克、低筋面粉 40 克、玉米淀粉 16 克、蛋黄 80 克。

三、制作流程

（一）慕斯的制作

慕斯的制作流程如图 1-91 所示。

食品工艺

①将牛奶和糖隔水加热至糖融化 　②将蓝莓果泥加热至 60 ℃，加入拌匀 　③加入朗姆酒拌匀

④淡奶油打发至六成状态 　⑤分批次加入材料 　⑥入模冷冻

图 1-91　慕斯的制作流程

（二）蛋糕坯的制作

蛋糕坯的制作流程如图 1-92 所示。

①奶油奶酪隔热水融化 　②加入牛奶 　③加入色拉油

④加入过筛的粉类原料 　⑤加入蛋黄，拌匀，做成面糊 　⑥蛋白打发至 6.5 成

⑦跟面糊搅拌均匀 　⑧倒入烤盘 　⑨放入烤箱烘烤（上火 170 ℃、下火 135 ℃，烘烤 22 分钟）

图 1-92　蛋糕坯的制作流程

（三）蓝莓慕斯蛋糕卷的制作

蓝莓慕斯蛋糕卷的制作流程如图 1-93 所示。

①蛋糕坯切四块 　②加入冻好的慕斯，卷成蛋卷 　③成品

图 1-93　蓝莓慕斯蛋糕卷的制作流程

四、注意事项

（1）因为慕斯蛋糕是免烤产品，所以在操作时一定要注意卫生，器具都需要消毒处理。

（2）吉利丁片需要用冷水浸泡。

（3）在慕斯制作过程中，酸性大的原料加热混合温度小于 40 ℃，如蓝莓、苹果等；中性的原料加热混合温度小于 60 ℃，如咖啡和巧克力等。

（4）慕斯冷冻中途需要整型，或用圆柱形模具成型。

（5）面糊与蛋白混合时要注意搅拌均匀。

（6）用蛋糕坯卷慕斯时要注意卷的手法。

五、成品评判标准

（1）慕斯蛋糕卷口感细腻，入口即化。

（2）规格和形状一致，美观大方，装饰适中。

（3）蛋糕卷卷成圆柱形，切口光滑平整，慕斯在正中间。

（4）蛋糕坯口感香甜无渣，组织细腻。

（5）蛋糕卷颜色均匀，底部不能烧焦。

实操 案例六　芒果慕斯淋面蛋糕的制作工艺

一、工具设备

搅拌机、转盘、长柄刮板、电磁炉、手动打蛋器、粉筛和慕斯圈等。

二、材料及配方

材料1：芒果泥150克、蛋白45克、开水35克、糖10克、吉利丁片7克、淡奶油150克、朗姆酒3克。

材料2：蛋糕片适量（配方参考蛋糕坯）。

材料3：淋面（芒果泥100克、糖5克、吉利丁片3克）。

三、制作流程

（一）芒果慕斯蛋糕的制作

芒果慕斯蛋糕的制作流程如图1-94所示。

①将蛋白和糖打发至鸡尾状，加入开水杀菌，拌匀
②芒果泥隔水加热至50℃，加入拌匀 
③将吉利丁片用冰水泡软，取出挤干，隔水融化 
④将朗姆酒加入拌匀 
⑤淡奶油打发至5～6成，加入拌匀 
⑥入模铺入蛋糕片，放入冰箱冷藏2小时 

图 1-94　芒果慕斯蛋糕的制作流程

（2）芒果慕斯蛋糕的淋面

芒果慕斯蛋糕淋面的制作流程如图 1-95 所示。

①吉利丁片用冰水泡软
②将芒果泥和其他材料一起隔水加热，加入泡软的吉利丁片 
③淋面液放凉后，淋在芒果慕斯蛋糕表面 
④成品 

图 1-95　芒果慕斯淋面的制作流程

四、注意事项

（1）事先准备好蛋糕坯。
（2）吉利丁片泡软即可，不要泡太久。

五、成品评判指标

（1）色泽金黄，层次分明，不塌陷，不回缩。
（2）口感细腻，入口即化，既有果香又有奶香。

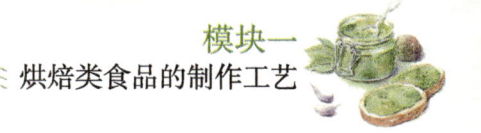

实操案例七 生日蛋糕抹圆的制作工艺

一、工具与设备

转盘、搅拌机、抹刀和刮板等。

二、材料

淡奶油蛋糕坯。

三、制作流程

（一）淡奶油的打发

淡奶油的打发流程如图1-96所示。

①将淡奶油从冰箱拿出，退冰
②倒入搅拌缸中，慢速搅拌至冰晶化掉 
③快速搅拌打发淡奶油至尖尖不倒状，备用 

图1-96 淡奶油的打发流程

（二）生日蛋糕的抹圆

生日蛋糕的抹圆流程如图1-97所示。

①用抹刀取少量淡奶油抹在转盘底部
②将蛋糕坯固定在转盘正中间 
③将淡奶油挖到蛋糕坯顶部 
④一手匀速转动转盘，一手持抹刀自上而下将奶油抹满蛋糕坯表面 
⑤反复修整四周和顶部 
⑥直至光滑 

图1-97 生日蛋糕的抹圆流程

四、注意事项

（1）奶油的打发程度要适中，既不能太软，也不能太硬。
（2）拿抹刀的姿势要正确。

五、成品评判指标

生日蛋糕的抹圆成品特征是蛋糕坯松软，表面均匀涂抹奶油，奶油细腻，奶香浓郁。

实操案例八　奶油裱花的制作工艺

一、工具设备

搅拌机、转盘、裱花嘴、裱花袋和抹刀等。

二、材料

蛋糕坯、糯米纸、淡奶油。

三、制作流程

奶油裱花的制作流程如图 1-98 所示。

①将淡奶油解冻倒入搅拌机　②低速搅打至化冰　③化冰后，转中速，打至出现纹路
④再换高速，打至尖尖不倒状　⑤蛋糕坯抹圆　⑥上面加一层奶油，用抹刀抹匀
⑦将奶油抹在蛋糕坯边上，抹匀　⑧收一下蛋糕表面多出来的奶油　⑨将裱花嘴装入裱花袋

图 1-98　奶油裱花的制作流程

⑩将裱花嘴举至垂直距离蛋糕坯3毫米处，挤出奶油 　　⑪在蛋糕表面顺时针挤出一圈，在起始端位置的上方收口 　　⑫成品

图1-98　奶油裱花的制作流程（续）

四、注意事项

（1）淡奶油的打发一定要适中。
（2）抹蛋糕坯时注意抹刀的角度，转盘速度跟力度要控制好。
（3）裱花时注意切入角度与用力力度、速度配合好。
（4）注意卫生。

五、成品评判指标

（1）奶油蛋糕呈圆柱形，90°角，不能塌陷或呈梯形。
（2）蛋糕表面光滑，不能有明显刀痕。
（3）线条花边纹理清晰，无间断，大小、粗细均匀。
（4）颜色搭配合理。

实操案例九　生日蛋糕的制作工艺

一、工具设备

搅拌机、烤箱、烤盘、拌料盆、抹刀和刮板等。

二、材料及配方

蛋黄糊部分：水550克、色拉油200克、低筋面粉750克、泡打粉15克、香草粉20克、玉米淀粉100克、蛋黄700克。

蛋白霜部分：蛋白1 400克、糖粉750克、塔塔粉20克、盐10克。

三、制作流程

（一）蛋糕坯制作

1. 准备

在蛋糕模具里抹油
↓
备用

2. 分蛋

将鸡蛋的蛋白和蛋黄分开，蛋白放入搅拌机中。

3. 蛋黄糊制作

将水和色拉油倒入拌料盆内，拌匀
↓
加入过筛的低筋面粉、玉米淀粉，搅拌至无粉状
↓
加入蛋黄，拌至无颗粒
↓
加入泡打粉（等蛋清打好再加）
↓
备用

4. 蛋白霜制作

将蛋白倒入搅拌机
↓
加入塔塔粉
↓
中速搅拌至蛋白出现大泡泡
↓
第一次加入 1/3 量的糖粉
↓
中速搅拌至蛋白出现小泡泡
↓
第二次加入 1/3 量的糖粉
↓
快速搅拌至蛋白发白
↓
第三次加入 1/3 量的糖粉
↓

快速搅拌
↓
打发至偏干性发泡（尖尖不倒状）即可

5. 蛋黄糊、蛋白霜混匀

将 1/3 量的蛋白霜倒入蛋黄糊中
↓
快速上下拌匀
↓
拌匀后倒入蛋白霜中
↓
快速上下拌匀
↓
将拌匀的蛋糕糊倒入事先准备好的模具里，装量为八分满
↓
在桌面上敲打、振动几下

6. 烘烤

入烤箱烘烤（上火 180 ℃、下火 160 ℃，烘烤 30 分钟）
↓
将蛋糕坯倒扣至烤架上
↓
冷却
↓
脱模
↓
成品

（二）生日蛋糕坯的抹圆和装饰

1. 淡奶油的打发

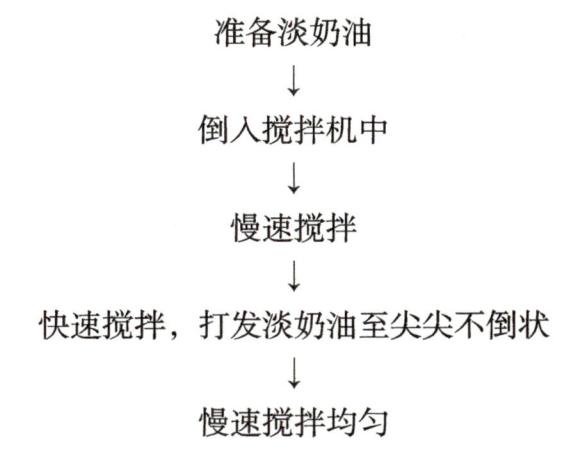

准备淡奶油
↓
倒入搅拌机中
↓
慢速搅拌
↓
快速搅拌，打发淡奶油至尖尖不倒状
↓
慢速搅拌均匀

↓

备用

2. 蛋糕的抹圆

用抹刀取少量打发好的奶油抹在转盘的底部

↓

将蛋糕坯固定在转盘的正中间

↓

将奶油挖到蛋糕坯的顶部

↓

一手匀速转动转盘，一手持抹刀自上而下将奶油抹满蛋糕坯表面

↓

反复修蛋糕的顶部和四周

↓

备用

3. 根据设计进行装饰裱花

（1）玫瑰挤花

将菊花型裱花嘴装进裱花袋

↓

将奶油装进裱花袋并剪口

↓

将裱花嘴举至垂直距离蛋糕坯 3 毫米处，挤出奶油

↓

在蛋糕表面顺时针挤出一圈

↓

在起始端位置的上方收口

↓

成品

（2）贝壳花边

将星型裱花嘴装进裱花袋

↓

再将奶油装进裱花袋并剪口

↓

裱花嘴向右倾斜与蛋糕坯成 45°

↓

均匀用力将奶油挤出弧度

↓

轻轻向下移动裱花嘴

↓
缓缓向内收力拉出小尖角
↓
在前一个贝壳花型的收口处用同样方法挤出贝壳形状（注意大小一致）
↓
成品

（3）花篮

将裱花嘴装进裱花袋
↓
再将奶油装进裱花袋并剪口
↓
有锯齿的一面朝外
↓
先竖着挤一条长的
↓
再横着挤三条短的（根据实际情况确定）
↓
再竖着挤一条长的（要有一定距离）
↓
以同样方式挤出
↓
成品

（4）星星花边

将星型裱花嘴装进裱花袋
↓
再将奶油装进裱花袋并剪口
↓
将裱花嘴举至垂直距离蛋糕坯3毫米处
↓
均匀用力挤出需要的大小和形状
↓
慢慢收力缓缓提起裱花袋
↓
连续均匀用力即可挤出星星花边
↓
成品

四、注意事项

（1）打发蛋白霜时需要注意卫生，所用器具不能有油。
（2）蛋黄糊跟蛋白霜混合时注意搅拌手法。
（3）面糊调制好后要及时入模具烘烤，防止面糊下沉。
（4）烘烤时注意温度和时间，烘烤时间过长容易塌陷，时间不够可能导致蛋糕不熟。
（5）在制作生日蛋糕时要干净卫生，蛋糕装饰不能太凌乱。
（6）生日蛋糕制作好后需要冷藏储存，24小时内食用。

五、成品评判指标

（1）蛋糕坯组织细腻，有弹性，切片厚薄均匀。
（2）蛋糕坯呈圆柱形，90°角，不能塌陷或呈梯形。
（3）蛋糕表面光滑，不能有明显刀痕。
（4）线条花边纹理清晰，无间断，大小、粗细均匀。
（5）颜色搭配合理。

实操案例十　轻芝士蛋糕的制作工艺

一、工具设备

电磁炉、搅拌机、电子秤、手动打蛋器、刮刀、6寸蛋糕模具和粉筛等。

二、材料及配方

蛋白部分：蛋白360克、糖180克、盐3克、塔塔粉3克。
蛋黄部分：蛋黄170克、玉米淀粉25克、低筋面粉80克、色拉油125克、奶油奶酪300克、牛奶300克、柠檬汁5克。

三、制作流程

轻芝士蛋糕的制作流程如图1-99所示。

①奶油奶酪隔水加热软化 　②牛奶和色拉油混合拌匀加入柠檬汁 　③拌匀

④牛奶分多次加入搅拌 　⑤加入色拉油，搅拌均匀 　⑥加入低筋面粉、玉米淀粉、泡打粉搅拌均匀

⑥加入蛋黄搅匀 　⑦蛋白+糖+盐打发 　⑧先低速搅拌

⑨再中速搅拌至五成 　⑩将蛋白加入 　⑪分多次加入，搅拌均匀

⑫入模 　⑬放入烤箱烘烤（上火220℃、下火140℃，11分钟后上火降为150℃、下火不变，烘烤40分钟左右） 　⑭成品

图1-99　轻芝士蛋糕的制作流程

四、注意事项

（1）注意蛋白打发程度的控制。

（2）注意蛋黄糊部分温度的控制。

（3）注意蛋清部分跟蛋黄糊混合搅拌的手法。

（4）一定要采用水浴法烘烤，最好在烤盘里面加冰块。

（5）烘烤着色后，降低烘箱温度。继续烘烤时，需要把炉门打开5厘米宽的缝隙。

（6）出炉后应立即出模。

五、成品评价指标

（1）表面色泽金黄。

（2）表面不开裂。

（3）规格和形状一致，不缩腰，不坍塌。

（4）底部干爽，组织细密。

（5）口感香甜，入口即化。

实操案例十一 重芝士蛋糕的制作工艺

视频讲解

一、工具设备

手动打蛋器、电磁炉、烤箱、刮板、粉筛和模具等。

二、材料及配方

奥利奥饼干碎 100 克、黄油 30 克、奶油奶酪 500 克、糖 100 克、酸奶 150 克、蛋白 3 个、淡奶油 250 克。

三、制作流程

（一）饼干底的制作

饼干底的制作流程如图 1-100 所示。

①饼干碎+融化的黄油拌匀　　②冷冻备用

图 1-100　饼干底的制作流程

（二）芝士糊的制作

芝士糊的制作流程如图 1-101 所示。

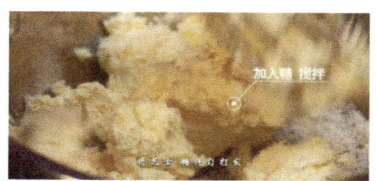

① 奶油奶酪+糖隔水加热，拌匀　　②加入酸奶，拌匀

③依次加入蛋白、淡奶油　　　　④芝士糊过筛

图 1-101　芝士糊的制作流程

（三）重芝士蛋糕制作

重芝士蛋糕的制作流程如图 1-102 所示。

⑤芝士糊倒入模具　　⑥水浴法烘烤（上火 150 ℃、下火 80 ℃，烘烤 90 分钟）　　⑦成品

图 1-102　重芝士蛋糕的制作流程

四、注意事项

重芝士烘烤成熟，出炉后不能立即出模，应冷却后放冰箱冷藏，等饼干底变硬后，用火枪或热水烫一下模具底部及边缘，再脱模，可防止脱模时蛋糕变形、饼干底裂开不美观。

五、成品评判指标

（1）表面不需要着色。
（2）口感细腻，入口即化。
（3）规格和形状一致，刀口平整，美观大方，装饰适中。

其他实操案例，包括抹茶蛋糕卷、虎皮蛋糕、海苔蛋糕卷、半边月蛋糕、黄金蛋糕、生日蛋糕坯、日式豆乳蛋糕盒、榴莲千层蛋糕、舒芙蕾蛋糕的制作工艺，请扫描如下二维码观看。

其他实操案例

项目五　面包的制作

课程思政

任务一　面包的认知

面包是以小麦面粉为主要原料，再加入水、盐、糖、鸡蛋、油脂和酵母等辅料，经过面团的调制、发酵、整型、醒发和烘烤等工序制成的烘焙类食品。

一、面包制作的主要原理

面团在一定的温度下经发酵，面团中的酵母利用糖和含氮化合物迅速繁殖，同时产生大量二氧化碳，从而使面团体积增大，结构酥松，多孔且质地柔软。

二、面包的分类

通常提到面包，大多指的是欧美面包或日式的夹馅面包、甜面包（见图 1-103）等。其实世界上还有许多特殊种类的面包。有些面包经酵母发酵，在烘烤过程中变得更加蓬松柔软；还有许多面包恰恰相反，用不着发酵。尽管原料和制作工艺不尽相同，它们都被称为面包。

面包品种繁多，各具风味。按照内外质地分类，有软质面包、硬质面包、脆皮面包和松质面包；按照成型方法分类，有普通面包和花色面包等；按照国家地区分类，有欧式面包、德式面包等。

三、面包的营养价值

不同种类面包的蛋白质、碳水化合物、脂肪和卡路里含量基本相近，而维生素、矿物质及纤维含量则相差甚远。白面包富含维生素 B_1、铁和叶酸，且含有维生素 B_2、磷、钾、钙和泛酸。全麦面包和黑麦面包的营养价值较高，全麦面包含叶酸、磷、维生素 B_1、铁和钾，黑麦面包含钾、磷、锰、铁、维生素 B_1、铜和锌。除了全麦面包、黑麦面包外，市场上还有用米粉、玉米面和燕麦粉制成的面包。有些面包还用茴香粒、烟米和盐粒调味，如德国的啤酒面包。

因此，经常食用面包可补充其他食物较缺乏的碳水化合物、纤维素、B族维生素及铁和锌等矿物质。

四、面包成品的质量要求

（一）形态

完整，无缺损、龟裂、凹坑，表面光洁，无白粉和斑点。

（二）色泽

表面呈金黄色和淡棕色，均匀一致，无烤焦、发白现象。

（三）气味

应具有烘烤和发酵后的面包香味，并具有经调配的芳香风味，无异味。

（四）口感

松软适口，不黏，不牙碜，无异味，无未融化的糖和盐的粗粒。

（五）组织

细腻，有弹性；切面气孔大小均匀，纹理均匀清晰，呈海绵状，无明显大孔洞和局部过硬；切片后不断裂，并无明显掉渣。

五、面包的食用

对多数人来说，面包是早餐的主要食品，可用面包制成水果奶油布丁和面包布丁及法国吐司。非新鲜出炉的面包可制成面包干、面包屑，还可制成馅料和面包汤。

面包温度高时较为松软好吃，低温状态下会变硬，风味、口感都会差很多。但不建议食用刚出炉的面包，最好冷却后再食用为好。

任务二　软质面包的制作

软质面包是一种组织松软且体轻膨大、质感细腻而富有弹性的面包。

图1-103 甜面包

一、软质面包制作需要的材料与设备

（一）原材料

高筋面粉、糖、油脂、活性干酵母、盐、鸡蛋、面包改良剂和奶粉等。

（二）设备

和面机、醒发箱、烤箱、烤盘、台秤和拌料盆等。

二、软质面包的制作流程

原料处理→面团调制→发酵→整型→醒发→烘烤→冷却。

（一）原料处理

1. 面粉处理

使用前必须过筛，混入空气，防止杂物混入，避免面粉结块。

2. 酵母处理

（1）使用酵母前，一般先用水将酵母化开，再加入面粉中，使其在面团中分布均匀。

（2）使用活性干酵母要进行活化处理，用40 ℃左右、量约为酵母5倍的水化开，保持静止，使其活化再使用。

（3）在配料时，不要将酵母与油脂、盐和糖直接混合。

3. 水的添加和处理

（1）加水量

加水量不仅决定着面团的软硬、伸展性、黏着性和操作性，而且还对成品的柔软性、抗老化性、保持期和成本等都有影响。加水量过多的面团，搅拌时间短，面团升温慢，操作困难、发黏，成品口感不好，气泡膜变厚，体积变小，形状不一，易发霉。加水量过少的面团，搅拌时间长，面团升温快，成品体积小，组织酥松，老化快。

（2）水质

面包用水以水质硬度来判断，其硬度以水中含碳酸钙的浓度来表示，面包用水的硬度应在40～120毫克/千克，极软水为15毫克/千克以下，软水为15～20毫克/千克，稍硬水为50～100毫克/千克，硬水为100～200毫克/千克，极硬水为200毫克/千克以上。软水、稍硬水和

硬水的影响与对策见表 1-1。

表 1-1　软水、稍硬水和硬水的影响与对策

影响与对策	水质硬度		
	软　水	稍　硬　水	硬　水
影响	吸水减少，面筋软化，面团发黏，操作不便，成品不膨松	发酵顺序，操作方便，成品良好	吸水增加，面筋发硬，口感粗糙，面团易裂，发酵缓慢，易干燥，成品无韧性
对策	稍加食盐和碳酸钙等物质	—	增加酵母量，提高面团温度和醒发环境温度

弱酸性（pH 值为 5.2~5.6）的水质，是最适合制作面包的。如果 pH 值 < 5.2 会使面筋溶解，面团失去韧性，需要碳酸钠中和。

4. 奶粉

奶粉加入时，可先和面粉拌匀，这样能防止奶粉结粒。

5. 油脂

油脂的硬度可根据季节变化选用，夏天选熔点较高的，冬季则相反。

（二）面团调制

做好一个面包，面团的调制作用占 25%、发酵的作用占 70%、其他工序的作用占 5%。由此可知面团调制的重要性。

1. 面团调制的注意事项

（1）原料的混合

面包原料分为大量原料（小麦面粉和水）和少量辅料（酵母、糖、奶粉、盐、油脂、食品添加剂）。

（2）投料顺序

可先将面粉、奶粉和酵母搅拌均匀，再加入面色改良剂拌匀后，加入糖，拌至均匀后再加入湿性材料（水、牛奶和鸡蛋），盐可在中期加入，油脂在后期加入，调粉时的水温、材料的配比和搅拌的速度都会影响吸水速度，水温低，吸水快，反之则相反。

（3）水和面粉的均匀混合、水化作用

高筋面粉水化较慢，低筋面粉水化较快。

盐有硬化面筋、抑制水化作用的性质，所以，在工艺流程中，先不要加入盐。

水化作用与 pH 酸碱度有密切关系，pH 值越高，水化作用越快。为了加快面团的形成，常会添加乳酸来降低 pH 值。

（4）氧化作用

酵母的生长离不开氧气的存在，面团的调制也是面团发生氧化的过程。

2. 面团调制的六个阶段

（1）拾起阶段

所有配方中的干湿原料混合均匀后，形成一个粗糙和潮湿的面团，无弹性和伸展性，水化作用只进行了一部分，面筋未形成。

（2）卷起阶段

面筋开始形成，已均匀地吸收水分，整个面团结合在一起，产生强大的筋力，面团表面很湿，无良好的伸展性、易断裂，缺少弹性，此时水化作用已完成，面筋结合只进行了一部分。

（3）面筋扩展、结合阶段

面团表面逐渐干燥，变得较为光滑，且有光泽，用手摸已有弹性，较柔软，此时具有伸展性但易断裂，弹性未达到最大值，面筋结合已达到一定程度，再搅拌，弹性减弱，伸展性加大。

（4）完成阶段

面团在此阶段已充分扩展，变得柔软且具有良好的伸展性，在搅拌时会发出啪啪的打击声和黏缸声，此时面团表面干燥有光泽，细腻整洁无粗糙感，用手拉面团时，感到非常柔软，有良好的伸展性和弹性。

（5）搅拌过度

此时面团将会再现含水的光泽，并开始黏缸，停止搅拌时，向缸四周流动，失去良好的弹性，面团黏手而柔软，对面包品质有严重的影响，只有好的高筋面粉还可补救，在以后的工序里，延长发酵时间以恢复弹性。

（6）搅拌过度，打断面筋

此时会形成湿黏的性质，整型时特别困难，流动不挺立，用此面团来洗面筋时，已无面筋洗出，说明面筋蛋白质大部分被酶的作用分解了。搅拌不足时，面团未达到良好的伸展性和延伸性，既不能较好地保存气体，又没有胀发性能，成品体积小，内部粗糙，色泽差；搅拌过度时，面团发黏，滚圆后，无法挺立，成品也无法保存胀大的气体，成品体积小，内部多大空洞，组织粗糙且颗粒多。

3. 影响面团调制的因素

（1）加水量

加水量越少，会使面团卷起阶段的时间越短，但扩展阶段应延长，搅拌时间过少时，面粉的颗粒难以充分水化，形成面筋的性质较脆弱，相反，加水量过多时，则会延长卷起时间，但扩展快。

（2）温度

温度低会使面团卷起阶段的时间短，扩展阶段时间长；温度高，虽然扩展很快完成，但组织已经被破坏。若温度过高，就会使面团失去良好的伸展性和弹性，无法达到扩展阶段，这样的面团脆而发黏。面团温度越低，吸水率越大，反之则相反。

（3）搅拌速度

对于面筋特强的面粉，应快速搅拌；对于面筋稍差的面粉，应慢速搅拌。对于直接法的搅拌初期，也就是水化作用阶段，至少要慢速搅拌 5 分钟；对于后油法，加油时和加入杂果也应慢速搅拌。

（4）小麦面粉

① 小麦面粉蛋白质含量越多，面粉越软，面团形成阶段时间越长。

② 蛋白质含量少的面粉，要注意避免搅拌过度。

③ 如果小麦面粉放置时间不够，氧化程度不够，面团始终发软，这时，只有添加面包改良剂（速效氧气剂）进行调整，如果面粉放入太多，这时面筋的结合比较困难，如同水和沙子一样，只有强烈搅拌或加入还原剂（半胱氨酸）进行调整。

（5）辅料的影响

① 奶粉

添加奶粉会提高吸水率，一般加入 1% 的脱脂奶粉，吸水率要增加 1%，但奶粉加水后，水化时间延长。其实延长搅拌时间可得到相同硬度的面团。

② 糖

糖的添加会使吸水率减少，每次多加入 5% 的糖，吸水率减少 1%。

③ 食盐

食盐对吸水量有较大的影响，如添加 2% 的食盐，比无盐面团减少 3% 的吸水率，食盐可使面筋硬化，较大地抑制了水化作用，因而影响了搅拌时间。

④ 油脂

油脂对面团的吸水性和搅拌时间基本上无影响，但当油脂与面团混合均匀后，面团的黏性、弹性有所改良，这是可塑性油脂的持气性和乳化作用的结果。

⑤ 氧化剂

氧化剂分为速效和迟效两种，其作用结果也不同。迟效氧化剂（如溴酸盐）在调粉中起不了什么作用，但速效氧化剂（如碘酸钾）可以使面筋结合强化，面团变硬，吸水率增大，搅拌耐性增大，搅拌时间延长。

⑥ 酶制剂

淀粉酶、蛋白酶的分解作用，会使面团易软化，搅拌时间会缩短，使面团的机械耐性减少，故应限制使用。

⑦ 还原剂

还原剂可以使面筋软化，使搅拌时间缩短 30%～50%。

⑧ 乳化剂

乳化剂易与面筋胶体结合，使面筋的性质变化，在面筋水化作用中使面筋的稳定性和弹性增加。

（三）发酵

将调好的面团放入烤盘内，在醒发箱内进行发酵，发酵温度为 27 ℃左右，空气相对湿度为 75%，发酵时间约 30 分钟，面团膨发，产生发酵香气，当膨发至面团顶部正中央部位开始往下回落即为发酵成熟。

（四）整型

整型操作包括分割、滚圆、中间发酵、整型和装盘等工序。

1. 分割

分割是将发酵好的大面团分割成小面团并称重的过程。为了最大限度减少长时间引起前后面团发酵程度差异的不良影响，分割时间应控制在 15 分钟以内。面团分割可采用手工分割或机器分割，手工分割的面团受损伤较小，机器分割虽然快，但面团组织结构受影响更大。

2. 滚圆

滚圆是采用手工方法，手心向下，五指稍微弯曲，用掌心夹住面团，向下倾压并在面板上顺着一个方向迅速旋转，将面块搓成圆球状的操作过程。

滚圆的目的如下。

（1）使所分割的面团外围再形成一层皮膜，以防止内部气体的逸散，同时使面团膨胀。

（2）使分割的面团有一层光滑表皮，避免发黏，烤出的面包表皮光滑好看。必要时可适当撒粉，如果撒粉不均匀，会使面包产生空洞，因此，尽可能少撒粉。

3. 中间发酵

中间发酵也称静置或松弛，即将滚圆的面团码放在烤盘中，在室温条件下，放置 25～30 分钟，进行中间醒发的过程。

中间发酵的目的如下。

（1）滚圆加工后，不仅失去了内部气体，而且产生了加工硬化现象，即内部组织处于紧张状态，通过静置得到松弛，以利于整型操作顺利。

（2）因为失去了内部气体，所以使气体在这一发酵过程中得到了恢复。

（3）使面团形成一层不粘的薄皮。最适宜的发酵湿度为 70%～75%，发酵温度则为 26～29 ℃。温度过低，易使表面结皮，面包烤好后，组织内产生空洞；温度过高，易使表皮发黏，整型时必须大量地撒粉。

4. 整型

整型是将完成中间醒发的面团采用揉、捏、包、擀、卷和切等手法制成各式花样的面包坯的过程。整型时应注意面团的干湿度，如太湿可撒少量面粉。注意面粉不要过多，太多会使内部组织产生空洞，表皮颜色不均匀。用量一般为面团面粉量 1% 的高筋面粉或玉米淀粉。

5. 装盘

装盘时，必须将面团的卷缝处向下，防止面团在最后发酵或烘焙时裂开，同时，要尽量使未装入面团前的模具温度与室温相同，太热和太冷都会影响最后发酵效果。

（五）醒发

醒发也称最终发酵，就是把整型后的面包坯放在一定的温度、湿度条件下再一次经过一定时间发酵，使其达到应有的体积和形状的操作过程。

经过整型后的面包坯，几乎失去了面团应有的充气性质。此时，面团面筋失去了原有的柔软性质而变得脆硬发黏，如立即烘烤，会导致面包体积小，组织结构非常粗糙，侧面会出现空洞和开裂现象。所以面包坯必须经过醒发，使面团充气，面筋柔软，增强面筋的伸展性和成熟度。

醒发的操作条件如下。

一般在醒发箱进行，要求发酵温度为 38 ℃，空气相对湿度为 80%。也有特殊面包（如法式面包）是在 23～30 ℃ 的较低温度下进行。有的是因为低温可以溶存较多的二氧化碳，有利炉内胀发；有的是因为油脂裹太多，温度过高会使油脂溶化而流失。一般发酵时间为 30～60 分钟，对于同一种面包来说，最后发酵时间应是越短越好，时间越短，面包组织越好。要控制好发酵程度。发酵过度会使面包表皮发白、颗粒粗、组织不良和味道不良，向上胀发力大但侧面较弱；发酵不足，会导致成品体积小，表皮颜色过深。

发酵程度的判断方法有以下三种。

（1）一般发酵结束后，面团体积应是总体积的 80%，其余 20% 留在炉内胀发。一般胀发力大的面团占总体积的 60%～75% 即可，胀发力小的面团则占总体积的 85%～95%。

（2）最终发酵后面团的体积一般是装盘时的 3～4 倍。

（3）根据外形的透明度和触感来判断发酵程度，初期面团不透明、发硬，随着膨胀，面团变得柔软，由于泡膜的不断胀大和变薄，使人观察到有半透明的感觉。最后用手指轻摸表面，感到面团越来越有一种膨胀的轻柔感。

影响最终发酵的主要因素如下。

（1）面团的品质：面包品种不同，最终发酵程度也不同。一般体积大的面包，要求在最终发酵时胀发得大一些，对于欧式面包，希望在炉内胀发得大一些，得到特有的裂缝。但含葡萄干的甜面包，因面团中含有较重的葡萄干，胀发过大，会使气泡在葡萄干的重压下变大，所以发酵程度小些为好。

（2）面粉的强度：强力粉面团弹性较大，如果最终发酵没有产生较多气体或面团成熟不够，在烘烤时将难以胀发，所以醒发时间应长一些。但若面筋强度弱时，醒发时间过长，面筋气泡膜会胀破而塌陷，如果面团基本发酵时，成熟度不够，则需要经过长时间的最终发酵来弥补，并会品质不良，组织粗糙，香味不浓。

（六）烘烤

经过醒发后的面包坯一般是原来体积的 3~4 倍、成品的 80% 左右，面包坯里面充入很多气体，所以我们在烘烤时要注意以下几方面。

（1）面包出醒发箱时要轻拿轻放，以免面包塌陷，对成品带来严重影响。

（2）醒发好的面包在刷蛋时需看面包表皮是否潮湿，如潮湿需让水分稍微干一些，以免烤好后上面有麻点，不亮泽。

（3）刷蛋液时要轻刷均匀，不能太过用力，以免面包塌陷。

（4）调好相应的烘烤温度，如烤炉温度未达到设定温度时，面包不能放入烘烤，以免面包烤干、老化，面包理想烘烤温度一般为上火 200 ℃、下火 190 ℃，烘烤时间约为 12 分钟；吐司面的烘烤温度一般为上火 150 ℃、下火 220 ℃，烘烤时间约为半小时。

（七）冷却

将烤熟的面包从烤箱中取出，自然冷却后包装。

任务三　硬质面包的制作

硬质面包是一种内部组织水分少、结构紧密又结实的面包，堪称面包界的"肌肉男"。

一、硬质面包的基本特点

硬质面包是低成本面包，用料比较简单，只需面粉、盐、水和酵母等常见烘焙原料即可。有时会放入少量的糖来调味，几乎不加奶制品和鸡蛋。

硬质面包外焦里嫩、质地较硬、耐嚼、香味浓厚，深受消费者喜爱。代表性品种如法棍面包、农夫面包和裸麦面包等在欧洲国家是必不可少的主食。硬质面包的保质期比软质面包要长很多。

硬质面包的操作难度较大，醒发和烘烤的时间都比较长。制作一个硬质面包，要四五个小时甚至更多。

二、硬质面包的主要品种

因为不同国家有不同的风味，不同的原料，不同的市场，硬质面包配方的比例和制作方法也会有所差异，所以产生了各式口味和形态的硬质面包。按照各国饮食习俗的不同，硬质面包又可分为欧式面包、美式面包和日式面包，其中欧式面包是硬质面包的典型代表。

(一)欧式面包的定义

欧式面包就是欧洲人常吃的面包,它以德国、法国、奥地利和丹麦等国家的面包为代表。最具代表的有德国的碱水面包、法国的长棍面包、奥地利的烤恩杂粮面包、丹麦面包和意大利面包等。

(二)欧式面包的特点

一般来说,欧式面包个头较大,分量较重,颜色较深,表皮金黄而硬脆;面包内部组织柔软而有韧性,空洞细密而均匀;面包口味多为咸味,面包里很少加糖和油脂;人们习惯将小面包做成三明治和大面包切片后食用。欧式面包的吃法非常讲究,经常会配上一些沙拉、芝士、肉类和蔬菜等。为防止面包干硬以求最佳口感,应在开始吃之前把面包切片。如果要使久存的面包更新鲜,就将它放进烤炉烘烤10分钟。

(三)典型欧式面包介绍

1. 德国碱水面包

德国碱水面包(见图1-104)英文名称有Brezen、Pretzel等,国内比较普遍的称呼有巴伐利亚碱水面包、啤酒面包、啤酒结和德国碱水面包等。这款面包来自欧洲,在德国、奥地利的普遍程度像中国的普通零食饼干、薯片一样。该产品特色是色泽深棕,外形似马镫,组织紧密,颇有嚼劲。

图1-104 德国碱水面包

2. 法国长棍面包

法国长棍面包(baguette)(见图1-105)是一种最传统的法式面包,简称法棍面包,营养丰富。"baguette"原意是长条形的宝石。法式长棍面包的配方很简单,只用面粉、水、盐和酵母四种基本原料,通常不加糖,不加乳粉,不加或几乎不加油脂,面粉未经漂白,不含防腐剂。在形状和重量上统一为长76厘米、重250克,还规定斜切必须要有5道裂口才符合标准。

图1-105 法国长棍面包

三、硬质面包的制作工艺要点

硬质面包的制作工艺步骤与软质面包基本相同,但操作难度较大。在面团调制步骤中,搅拌时要求面团相对较硬,搅拌机转速较快,搅拌的时间较长,这样才能保证面筋得到充分的扩展。同时需要注意的是,在搅打的过程中,摩擦会产生热量,面团的温度升高,不利于之后的发酵(硬质面包面团的理想发酵温度是24℃)。如果室温较高,可以选择隔冰水操作。

制作硬质面包面团有两种方法。一种是使用筋力弱、水分含量少的面粉,将主要原料与老面一起搅拌。这样制作的面团质地较硬,也不需要进行基本发酵,直接分割整型。通常来说,面包的配方成分与面包硬度有着密切关联。面团的油、蛋比重越低,面包越硬,且内部

组织越紧密，质感越细腻。另外一种是选择筋度较高的高筋面粉，制作好面团后，先进行基本发酵再整型，然后经过短时间的最后发酵，再进行烘烤。面团最后发酵的实际时间越短，面包的质感越结实，越有弹性，虽然内部组织不一定会均匀，但口感较好。

要做好一个硬质面包需要的是耐心，它的发酵时间较其他品种的面包长，第一次发酵时间为90～120分钟，分割后再进行二次发酵，时间为15～20分钟，最后发酵的时间为60～90分钟。因为经过长时间的发酵，才能获得柔软的面团，延展性增强，烘焙过程中使面团最大限度地蓬松，内部产生均匀的气孔。

和软质面包相同的是，硬质面包烘烤过程中也需要往烤箱内充入少量的蒸汽，以保证面包的表面不会因为高温而开裂，还能使表皮变得松脆。等待面包上色之后，打开烤箱门，放出一些热蒸汽，遇到冷空气之后，面包会形成干脆的表面。

一般建议在设定温度的前5分钟打开烤箱门，如果太早开烤箱门，会使面包塌陷，延长烘烤的时间，导致面包失水过多；太晚开烤箱，则会导致烤制的面包表皮过薄，内部水分多，出炉后会有塌陷或回软的问题。

任务四　起酥面包的制作

起酥面包是以小麦面粉、酵母、糖、油脂等为原料搅拌成面团，冷藏松弛后裹入黄油，经过反复压片、折叠，利用油脂的润滑性和隔离性使面团产生清晰的层次，然后制成各种形状，经醒发、烘烤而制成的口感特别酥松、层次分明、入口即化、奶香浓郁的特色面包。

一、起酥面包的特点

（1）起酥面包的油脂成分含量非常高，所以其香味和酥松的口感较调理类面包及吐司类面包更胜一筹。

（2）起酥面包与丹麦面包的操作程序类似，也采用裹油、折叠擀压的方法。但与丹麦面包最大的不同是，起酥面包的面团中不含酵母，并且折叠层次要比丹麦面包丰富。

（3）起酥面包口感酥软、层次分明、奶香味浓、质地松软。这种面包的发源地是维也纳，人们也称之为维也纳面包。

（4）起酥面包的面团是一种特制的面团，经过烘烤后可以达到起酥分层的效果。口感酥脆，故而得名起酥面团。起酥面团的具体做法是在制作面团的时候，在面团里裹入黄油。

二、起酥面包的分类

起酥面包顾名思义就是该类面包具有酥松和富有层次等特性，而这些特性主要是由面团擀压而成的丰富油层膨胀形成。起酥面包的分类如下。

(1)按口感分为调理起酥类、起酥蛋糕类、起酥塔类和拿破仑类等。

(2)按形状分为扇形起酥派、三角形起酥派、蝴蝶酥派、条形起酥派和风车起酥派等。

(3)按裹油方式分为苏格兰式、法式等。

三、起酥面包的制作实例

面包体配料：高筋面粉、低筋面粉、黄油、片状黄油、糖和盐。

具体做法：把除了黄油和片状黄油以外的配料全部加水搅拌成面团放入黄油，揉捏成团，擀压成片，取片状黄油放在压扁的面团上，面团包裹住片状黄油，经反复擀压、折叠，放入烤箱烘烤。

实操案例

实操案例一　小餐包的制作工艺

视频讲解

一、工具与设备

搅拌机、烤箱、醒发箱、汉堡模具、刮板和锯齿刀等。

二、材料及配方

水500克、鸡蛋2个、糖200克、高筋面粉1 000克、酵母10克、面包改良剂3克、奶粉20克、黄油100克、盐10克。

三、制作流程

小餐包的制作流程如图1-106所示。

①水、糖、鸡蛋、奶粉放入搅拌机中，中速搅拌

②加入过筛后的高筋面粉、面包改良剂和酵母，低速搅拌至抱团，中速搅打至面团光滑

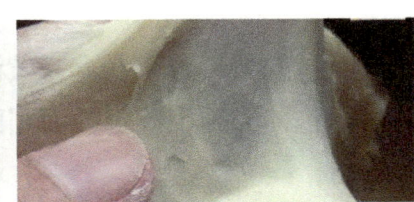

③加入黄油、盐，搅打至扩展阶段

图1-106　小餐包的制作流程

食品工艺

④大面团滚圆 　　　　⑤分割为30克/个，滚圆 　　　⑥发酵（温度为38℃，空气相对湿度为80%）

⑦刷蛋液、撒芝麻，放入烤箱烘烤（上火200℃、下火180℃，烘烤15分钟） 　　　⑧成品

图1-106　小餐包的制作流程（续）

四、注意事项

（1）面粉要过筛。
（2）黄油和盐要等面团扩展七成后再添加。
（3）要等面包冷却后才能装袋。

五、成品评判标准

小餐包成品的特征是表面呈金黄色、色泽鲜亮、规格和形状一致。

实操案例二　毛毛虫面包的制作工艺

一、工具与设备

拌料盆、电磁炉、搅拌机、烤箱、醒发箱、刮板和锯齿刀等。

二、材料及配方

面包泡芙：水120克、黄油60克、低筋面粉100克、鸡蛋3个。
面包：采用小餐包的面团配方。

三、制作流程

（1）面包泡芙

将水和黄油倒入拌料盆内，放在电磁炉上，加热熔化

↓

加入低筋面粉，快速搅拌成团

↓

关火

↓

分次加入鸡蛋

↓

直至面糊黏稠

↓

装入裱花袋

↓

备用

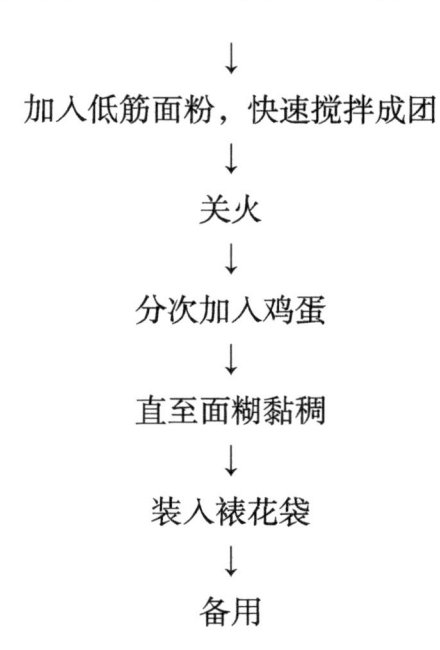

（2）面包的制作

面包的制作方法采用小餐包（直接发酵法）的制作方法

↓

分割（将面团分割为 80 克/个）

↓

滚圆

↓

松弛（时间为 15 分钟）

↓

擀开

↓

卷成条形

↓

搓长至 22 厘米左右

↓

发酵（温度为 38 ℃，空气相对湿度为 80%，时间为 60 分钟）

↓

刷蛋液

↓

挤上面包泡芙

↓

烘烤（上火 200 ℃、下火 180 ℃，时间为 15 分钟）

↓

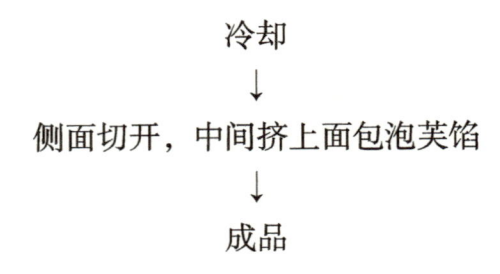

冷却
↓
侧面切开，中间挤上面包泡芙馅
↓
成品

四、注意事项

（1）面粉要过筛。
（2）黄油和盐要等面团扩展七分后再添加。
（3）要等面包冷却后才能装袋。
（4）挤面包泡芙时要注意距离。
（5）面糊不能太稀或太稠。

五、成品评判指标

毛毛虫面包成品的特征是表面呈金黄色、色泽鲜亮、规格和形状一致、美观大方、装饰适中。

实操案例三 火腿芝士面包的制作工艺

一、工具与设备

搅拌机、烤箱、醒发箱和刮板等。

二、材料

面包、火腿肠、芝士。

三、制作流程

面包的制作方法采用小餐包（直接发酵法）的制作方法
↓
分割（将面团分割为50克/个）
↓
滚圆
↓

松弛（时间为 15 分钟）
↓
擀平
↓
反面
↓
卷起
↓
搓成长条
↓
以火腿肠和芝士为中心进行缠绕（注意保持中间大两边小的形状）
↓
发酵（温度为 38 ℃，空气相对湿度为 80%，时间为 60 分钟）
↓
刷蛋液
↓
撒芝麻
↓
烘烤（上火 200 ℃、下火 180 ℃，时间为 15 分钟）
↓
冷却
↓
成品

四、注意事项

（1）面粉要过筛。
（2）黄油和盐要等面团扩展七分后再添加。
（3）要等面包冷却后才能装袋。

五、成品评判指标

火腿芝士面包成品的特征是表面呈金黄色、色泽鲜亮、规格和形状一致、美观大方、装饰适中。

食品工艺

实操案例四　法棍面包的制作工艺

一、工具设备

醒发箱、模具、刮板、电子秤和擀面杖等。

二、材料及配方

酵母 2 克、高筋面粉 1 000 克、麦芽精 6 克、面包改良剂 5 克、老面 400 克、冰水 750 克、水 800 克、盐 20 克。

三、制作流程

法棍面包的制作流程如图 1-107 所示。

①将老面原料混合均匀
②常温发酵 2~3 小时，放冰箱发酵，隔天用 
③冰水+高筋面粉搅拌均匀 
④表面撒酵母+麦芽精 
⑤盖保鲜膜水解 20 分钟 
⑥加 400 克老面搅拌成团 
⑦加盐打至九成筋度 
⑧放至醒发箱，松弛醒发 40 分钟 
⑨折面，再醒发 40 分钟 

图 1-107　法棍面包的制作流程

⑩分割为 350 克/个 　　⑪松弛 30 分钟成型 　　⑫26～28 ℃醒发 60 分钟

⑬割 5 刀 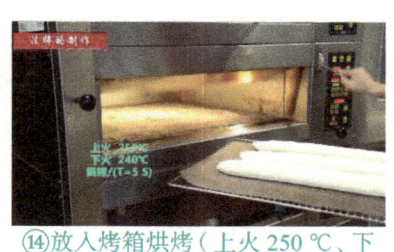　　⑭放入烤箱烘烤（上火 250 ℃、下火 240 ℃，烘烤 15 分钟） 　　⑮成品

图 1-107　法棍面包的制作流程（续）

四、注意事项

（1）不能全部用高筋面粉制作，要加老面。

（2）制作面团时，温度不能超过 24 ℃，要注意控制水温，发酵温度一般在 26 ℃左右，主要是为了增加面团的弹性。

（3）注意面团发酵程度及成型手法。

五、成品评判指标

（1）不撒面粉，5 道划口，成品重量要求 250±5 克，长度在 50～55 厘米之间，直径 5 厘米左右，羊角翻起。

（2）有浓郁的麦香味，表皮口感酥脆，断口性强，内部湿润柔软，耐咀嚼性强，有回甘，无渣感。

实操案例五 奶香面包片/蒜香面包片/"凯撒大帝"面包的制作工艺

一、奶香面包片的制作工艺

（一）工具设备

手动打蛋器、拌料盆、烤盘、烤箱和油纸等。

（二）材料及配方

法棍面包 1 根、鸡蛋 1 个、糖 5 克、奶粉 1 小包。

（三）制作流程

1. 准备材料。
2. 鸡蛋打散，奶粉用 60 ℃的热水冲调，兑入鸡蛋液的比为 1∶1。
3. 把法棍面包切片置于蛋液里打个滚。
4. 放入垫有油纸的烤盘里。
5. 均匀地撒上糖。
6. 入烤箱中层 180 ℃烤 15 分钟，翻面再烤 10 分钟。
7. 焦香酥脆的奶香片出炉了。

二、蒜香面包片的制作工艺

（一）工具设备

锯齿刀、拌料盆和烤箱等。

（二）材料及配方

面包片 4 片、蒜 2 瓣、小葱适量、黄油 20 克和盐适量。

（三）制作流程

1. 准备好材料，蒜捣成泥，小葱切成细末。
2. 将黄油隔水融化。
3. 拌入小葱碎和蒜泥及适量盐。
4. 均匀涂在面包片上。
5. 放入烤箱中，180 ℃烤七八分钟。

三、"凯撒大帝"面包的制作工艺

（一）设备工具

刀、烤盘、烤箱、平底锅和碗等。

（二）材料及配方

吐司 2 片、白菜 1 片、培根 1 片、火腿 1 片、大蒜 1～2 瓣、芝士奶酪适量、色拉油适量、沙拉酱适量。

（三）制作流程

1. 吐司先切成两块，一大一小。
2. 准备好材料：培根、火腿、白菜切成丁，大蒜切末，芝士奶酪、沙拉酱、吐司备好。
3. 先把小片的吐司切成丁，放进烤盘中。
4. 烤箱提前预热，上、下火180℃，放入中层烤5分钟，烤至表面金黄色。
5. 锅中倒入适量色拉油，烧热后放入培根丁、火腿丁，小火煎至金黄色。
6. 加入白菜翻炒至断生，盛出备用。
7. 把培根丁、火腿丁、白菜丁、吐司丁和蒜末放入大碗中。
8. 挤上沙拉酱，搅拌均匀。
9. 把大的吐司片放在烤盘上，把材料放在吐司上。
10. 表面撒上芝士奶酪。
11. 烤箱提前预热，上、下火180℃，放入中层烤10～15分钟，烤至表面芝士奶酪融化。
12. 出炉晾凉。
13. 成品。

四、注意事项

（1）在烘烤奶香片时需要烤脆，可用风炉烘烤。
（2）"凯撒大帝"面包在表面撒完芝士后，挤上番茄酱和沙拉酱口感更佳。

五、成品评判指标

（1）色泽金黄，香味浓郁。
（2）成品大小、规格一致。

实操案例六　红糖蔓越莓欧包的制作工艺

一、工具设备

刀、碗、筷子、搅拌机、油纸、烤盘和烤箱等。

二、材料及配方

高筋面粉240克、全麦面粉65克、红糖30克、盐3克、温水160克、酵母4克、黄油30克、蔓越莓干少许。

三、工艺流程

（一）将红糖装碗中，加入温水，用筷子搅拌至完全融化。
（二）除黄油和蔓越莓以外，把其他材料按先液体后粉状的顺序依次放搅拌机中。
（三）在第一次揉面结束后，加入软化的黄油，继续揉面团至扩展阶段。
（四）面团常温发酵至2倍大。
（五）发酵好的面团排气完成后，擀平撒上蔓越莓干。
（六）从一端卷向另一端，然后用刀切成5份。
（七）随意整型，放在垫好油纸的烤盘上进行二次发酵。
（八）待发酵至约两倍大小时，用刀随意画几个口，筛入少许面粉。
（九）烤箱预热至上、下火170℃后放入，烘烤15分钟左右。
（十）烤好的面包出炉放凉，切片。

四、注意事项

（1）红糖一定要用水化开后使用。
（2）注意面筋度。

五、成品评判指标

（1）色泽金黄，蔓越莓香味浓郁。
（2）成品大小、规格一致。

其他实操案例，包括吐司面包、三明治/凯撒妹子面包、红豆面包/红豆吐司面包、汉堡包、肉松/葡萄面包、德国碱水面包、奶酪包、全麦蔓越莓面包、美丽果面包、农夫南瓜芝士面包、雷神巧克力面包、雷神奥利奥面包、边桃丹麦面包/红豆丹麦面包、北海道吐司面包、牛角可颂的制作工艺，请扫描如下二维码观看。

其他实操案例

项目六　甜点的制作

任务一　甜点的认知

一、甜点的概述

甜点，也称甜品，是一个很广的概念，大致分为甜味点心和广式糖水，在烘焙类食品中主要指甜味点心，包括乳冻、果冻、布丁、提拉米苏、马卡龙、泡芙等。乳冻是一种含有丰富乳脂的甜点，具有外形美观、质地细腻、口味香甜的特点。果冻是用糖、水和吉利丁粉或琼脂，按一定比例调制而成的冷冻甜品。布丁是一种半凝固状的冷冻甜点，主要材料为鸡蛋和奶黄，类似果冻。提拉米苏是一种带咖啡酒味的意大利甜点。马卡龙则是一种用蛋白、杏仁粉、白砂糖和糖霜制作而成，并夹有果酱或奶油的法式甜点。

甜点制作常用的原料包括面粉、牛奶、黄油、白砂糖、奶油、巧克力、水果和果仁等，以高温烘制方式为主。甜点口感丰富，样式多，是很多人休闲之余必不可少的食物。

人类历史上最原始的甜点，是由面粉调和油与蜂蜜而成的圆饼。欧洲是甜点的主要发源地，英国、法国、西班牙、德国、意大利、奥地利、俄罗斯等国家已有相当长的甜点制作历史、并在发展中取得显著成就，以法式甜点为代表。

二、法式甜点

（一）法式甜点的起源

法国一直以浪漫热情而闻名于世，甜点代表着甜美和爱情，这和法国人天性中的浪漫不谋而合。因此，法国人对甜点有着一种特殊的偏爱，他们醉心于研究各种甜点，并在其中加入浪漫动人的元素，琳琅满目的法式甜点闪耀着精致诱人的光彩，让人不禁向往。

法国甜点最早起源于一个小小的面包，早在 3 000 年前，面包是法国人用于供奉的美食，后来面包作为法国人代替金钱的报酬。在早期还没有出现烧木炭的烤箱时，法国人将蜂蜜、

牛奶、油还有适量面粉放在一起搅拌，然后倒在石头上，通过日晒将其晒干。对于法国人来说，真正意义上的甜点发明来源于他们发现亚洲人在面饼里加入香料、果干和鸡蛋等原料。可以说法国的甜点传承了中国和印度对食物选材的讲究，同时，也受到了埃及和罗马帝国等国家的影响。

（二）经典法式甜点的简介

1. 拿破仑酥

图 1-108 拿破仑酥

法国人将拿破仑视作英雄，但凡最杰出的东西，都要冠上拿破仑之名，由此可见，拿破仑酥是怎样的美味，也可以看到法国人对于这款甜点有着怎样的偏好。拿破仑酥（见图 1-108）法文为 Mille Feuille，即有 100 万层酥皮的意思，所以又被称为千层酥，由三层咖啡色的千层酥皮夹两层吉士酱制作而成，口感丰富，每当叉子扎下去，酥皮便应声裂开，发出清脆的声音，每吃一口，都像敲响一个音符，带来最愉悦的心情。

2. 马卡龙

图 1-109 马卡龙

马卡龙（见图 1-109）的起源已无从考究，人们认为它很可能是由意大利美第奇家族的凯瑟琳·德·美第奇和她的面点师从意大利带到法国的。起初，马卡龙只是一种朴素的杏仁小圆饼，没有夹馅。20 世纪初期，巴黎的烘焙师 Ladurée 发明一种烘焙方法来呈现马卡龙，利用三明治法将甜美的稠膏状馅料夹于传统的两个小圆饼之间，成为新的甜点，更由于香料和色素的使用、湿度控制，使得马卡龙的性质得到改良。比较传统小圆饼的甜、干和易碎的特性，改良后的马卡龙具备外壳酥脆的口感，内部却湿润、柔软而略带黏性，直径大约为 3.5~4 厘米。马卡龙颜色丰富，小巧可爱，每次看见马卡龙，就好像进入了一个缤纷多彩的世界，让人迷恋不已。

3. "巧克力歌剧院"蛋糕

"巧克力歌剧院"蛋糕（见图 1-110）又译作"欧培拉"（Opera），是有着数百年历史的法国甜点。传统的"巧克力歌剧院"蛋糕共有六层，包括三层浸泡过咖啡糖浆的杏仁海绵蛋糕、两层咖啡奶油馅和一层巧克力奶油馅。最后，还要淋上镜面巧克力酱，层层堆叠，香气馥郁，入口即化。人们在品尝美味浓郁的甜点时，想象着歌剧院的美景，美好、精致而又充满幻想的气息在味蕾中蔓延开来。

4. 黑森林蛋糕

黑森林蛋糕（见图 1-111）为德国甜点，在德文里全名为"Schwarzwaelder"，原意为"黑森林樱桃奶油蛋糕"。传入法国后，其独特的口感和精致的造型赢得了法国人们的喜爱，得到了极大的好评。

黑森林蛋糕融合了樱桃的酸、奶油的甜、巧克力的苦和樱桃酒的醇香,完美的黑森林蛋糕经得起各种口味的挑剔。

图 1-110　"巧克力歌剧院"蛋糕

图 1-111　黑森林蛋糕

任务二　泡芙的制作

一、泡芙的概述

泡芙是外表松脆、色泽金黄、形状美观、深受人们喜爱的甜点。

(一)泡芙的形状

泡芙本身没有味道,主要靠装饰和夹心来调味,并用裱花嘴裱成各种形状,目前为止最常见的形状有圆形和长形。

(二)泡芙制作的主要原料

1. 面粉

面粉的品质直接影响泡芙的质量,一般使用低筋面粉,因为低筋面粉的面筋伸展性和弹性好,在烘烤时能承受膨胀产生的力,保证产品体积膨大。

2. 油脂

油脂在泡芙制作中的主要作用是润滑面糊,一般采用氢化油。

3. 盐

盐能增加泡芙面糊的筋性和增加香味。

4. 鸡蛋

鸡蛋起调节泡芙面糊的软硬度和膨大制品体积的作用,还可使成品壁厚、口感松酥。

(三)泡芙的配料实例

面糊料:油脂 125 克、低筋面粉 250 克、清水(或牛奶)375 克、鸡蛋 500 克。
装饰料:淡奶油、水果、奶油膏、糖粉、巧克力膏等。

夹心料：水 100 克、糖 270 克、蛋白 120 克、黄油 200 克、白兰地 15 克、塔塔粉 2 克、淡奶油 300 克。

二、泡芙的制作工艺

（一）面团调制

将油脂（黄油、猪油、植物油均可）和清水一起放入锅内。放于电磁炉上加热至沸腾，然后移离火源。加入低筋面粉，用搅板使劲地搅拌面糊后，仍放回炉上，再边煮边搅拌约 1 分钟，直到面糊不粘锅为止，离火静置冷却。将鸡蛋分成几次加入，每次加入后都必须用搅板将面糊和加入的蛋液搅拌均匀，才可再加蛋液，直至将蛋液加完为止。

（二）烘烤

将面糊装入裱花袋，用裱花嘴挤出适宜的形状，装入烤盘，放入烤箱烘烤，上火 200 ℃、下火 180 ℃，烘烤 25 分钟左右。

（三）装饰、夹心

装饰料可直接装饰在表面或作为馅料从泡芙的侧面切开挤入。需要注意的是淡奶油需打发后再用于装饰。

夹心料的制作：将少量糖溶于水中制成糖水，蛋白、糖、塔塔粉混合，用搅拌机快速搅拌至中性发泡，加入糖水，改用中速搅打成湿性发泡的蛋白膏。将黄油、淡奶油搅打成乳白色，与蛋白霜混合，加入白兰地，拌匀，挤入泡芙内。

实操案例

实操案例一 马卡龙的制作工艺

一、工具设备

电子秤、刮板、裱花袋、烤箱、电磁炉和搅拌机等。

二、材料及配方

材料 1：杏仁粉 300 克、糖粉 300 克、蛋白 100 克。

材料2：细砂糖250克、水75克。

材料3：蛋白110克、细砂糖50克。

材料4：黑巧克力100克、白巧克力100克、淡奶油100克。

三、制作流程

马卡龙的制作流程如图1-112所示。

①将杏仁粉、糖粉过筛，混合，拌匀

②加入蛋白，拌匀

③将材料3混合打发至四成

④将材料2煮沸至120℃

⑤加入材料3混合，打发至完全冷却

⑥取材料2、3的混合物与材料1的混合物拌匀

⑦挤成圆形，晾干

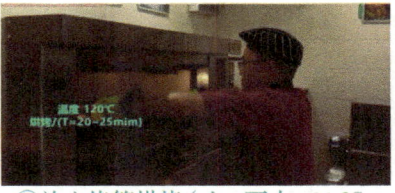

⑧放入烤箱烘烤（上、下火120℃，20～25分钟）

⑨将材料4隔水溶解，混合冷却

⑩挤入两片马卡龙之间

⑪成品

图1-112　马卡龙的制作流程

四、注意事项

（1）杏仁粉可以微烤一下再过筛，这样可以把多余的水分烘干。

（2）糖浆一定要煮沸到120℃。

（3）注意蛋白跟杏仁粉面糊混合的搅拌手法，不能化成水。

（4）风干马卡龙可以放在空调底下，效果更佳。

（5）如需制作有色马卡龙时，由于液体状的食用着色剂会使面糊变稀而影响马卡龙的质感，所以采用凝胶状的食用着色剂比较好。

五、成品评判指标

（1）表面光滑，无坑疤，饼身的下缘有一圈漂亮的蕾丝裙边。

（2）规格和形状大小一致，不坍塌。

（3）组织细密，不能有空壳现象，口感层次分明，外壳酥脆，内部又软又绵密，稍微带点黏牙。

实操案例二　奶油泡芙的制作工艺

一、工具设备

烤箱、裱花袋、烤盘、刮刀、电子秤、裱花嘴和电磁炉等。

二、材料及配方

低筋面粉 200 克、鸡蛋 240 克、盐 3.8 克、黄油 200 克、玉米淀粉 40 克、泡打粉 3 克、水 320 克。

三、制作流程

奶油泡芙的制作流程如图 1-113 所示。

① 水+盐+黄油加热至熔化
② 分批加面粉+玉米淀粉+奶粉，低温烫面 
③ 摊开放凉 
④ 分批加入蛋液，拌匀 
⑤ 加入泡打粉，搅拌 
⑥ 挤出形状，排列整齐 

图 1-113　奶油泡芙的制作流程

⑦放入烤箱烘烤（200℃）　　⑧挤奶油　　⑨成品

图1-113　奶油泡芙的制作流程（续）

四、注意事项

（1）面粉必须烫熟，水烧开后立即倒入面粉，烫面糊的时候要不停搅拌，以免产生死面。

（2）蛋液要分次加入面糊，视面糊的稀稠程度而定，因为如果蛋液加入的太多，泡芙容易塌陷；如果加入的太少，口感不好，会变软。

（3）面糊不烫手了，就要马上挤入烤盘，否则随着面糊温度的下降，挤面糊会很吃力，如果用的是普通裱花袋，甚至会把裱花袋挤破。挤泡芙要一次成型，否则泡芙会产生裂缝。

（4）在烘烤的时候一定不要打开烤箱，泡芙遇冷容易回缩，从而停止膨胀。

五、成品评判指标

（1）泡芙形状、大小一致，体态饱满，不回缩、不坍塌，切开时会看到中间有很大空洞。

（2）口感松脆、香醇，颜色金黄。

实操案例三　牛轧糖的制作工艺

视频讲解

一、工具设备

擀面杖、电子秤、刮刀、烤箱和烤盘等。

二、材料及配方

黄油80克、棉花糖280克、奶粉100克、熟花生仁100克。

三、制作流程

牛轧糖的制作流程如图1-114所示。

①称料 　　②将黄油熔化，倒入棉花糖 　　③用刮刀搅拌，直到棉花糖与黄油相融合

④倒入奶粉，搅拌至无粉状 　　⑤倒入熟花生仁，混匀 　　⑥把牛轧糖拿出，放在撒了奶粉的烤盘上，擀平

⑦用硬刮板整形边缘 　　⑧放冰箱冷藏半小时 　　⑨拿出来用刀切成大小一致的块状

⑩成品

图 1-114　牛轧糖的制作流程

四、注意事项

（1）搅拌时可以隔水搅拌，比较容易搅拌均匀。

（2）牛轧糖在 25 ℃以上会变软，低于 25 ℃是脆硬的口感。

（3）有果干的牛轧糖保存期相对较短，大概 7 天左右，需尽快食用。

五、成品评判指标

（1）既有蛋白糖的色泽，又有果仁的特殊花纹。

（2）既有蛋白糖疏松柔嫩的质感，又有果仁脆酥的口感。

（3）既有蛋白的奶香，又有果仁的特殊芳香。

实操案例四 雪花酥的制作工艺

一、工具设备

电子秤、烤盘、擀面杖、电磁炉、刮刀和锯刀等。

二、材料及配方

黄油 40 克、棉花糖 160 克、奶粉 40 克、小饼干 120 克、蔓越莓干 100 克、熟花生仁 100 克。

三、制作流程

雪花酥的制作流程如图 1-115 所示。

① 称料
② 将黄油熔化，倒入棉花糖 
③ 用刮刀搅拌，直到棉花糖与黄油相融合 
④ 倒入奶粉，搅拌至无粉状 
⑤ 关火，加入熟花生仁、小饼干，快速翻拌下 
⑥ 加入蔓越莓干，翻拌 
⑦ 把雪花酥团拿出，用手不断往外翻，直到整个馅料被糖包裹住 
⑧ 把雪花酥团放在撒了奶粉的烤盘上，擀平 
⑨ 用硬刮刀整型 
⑩ 放冰箱冷藏半小时 
⑪ 拿出来切块 
⑫ 成品 

图 1-115 雪花酥的制作流程

四、注意事项

（1）雪花酥里的果仁可以根据情况做调整，坚果和果干都可以。

（2）饼干的硬度要适中，太酥或者太软都不行。

（3）熬棉花糖的时候要小火，煮得太过，糖会变硬，混合的时候影响效果。

（4）切块后注意要密封保存，受潮会黏连在一起。

五、成品评判指标

口感松脆酥软，搭配坚果、果干，营养更加丰富，是一种好吃且有营养的网红甜点。

其他实操案例，包括凤梨酥、老婆饼的制作工艺，请扫描如下二维码观看。

其他实操案例

知识小练

一、填空题

1. 烤炉又称烤箱，是生产烘焙食品的关键设备之一。糕点成型后经过烘烤、成熟上色后便制成成品。烤炉的样式很多，根据热来源分为_____和_____两大类；根据烘烤原理分为_____和_____两种。

2. 和面机是用来调制筋性面团的专用设备，常见的有_____和_____两种。

3. 小麦面粉按性能与用途分为_____、_____和_____；按精度分为_____、_____、_____和_____等；按筋力强弱分为_____、_____和_____。

4. 在烘焙食品生产中，能够使食品产生体积膨大、组织疏松特性的一类物质称为_____。按其来源分为_____和_____。

5. 面包中使用的乳制品有_____、_____、_____、酸奶和炼乳等。

6. 常见的化学膨松剂有_____、_____和_____等，在蛋糕的制作中使用最多的是_____。

7. 食用香精主要由四部分构成：_____、_____、_____和_____。

8. 混酥类点心的制作基本流程：混酥类面团配料→_____→_____→烘烤成熟。

9. 混酥类面团的主要原料是_____、_____、_____、糖和盐等。

10. 饼干成型手法有_____、_____、_____和卷制切割等。

11. 常温蛋糕通常是指放在温度为 8~30 ℃ 区间能自然存放_____天的蛋糕。

12. 烤盘的预处理方法有_____、_____和_____。

13. 使用蛋糕油时的搅拌方法，可分为_____、_____和_____。

14. 甜面包一般分_____、欧式、日式和_____等类别，花色按不同配料及添加方式可分成_____、_____、_____和浸渍型等种类。

15. 使用干酵母要进行活化处理，将酵母倒入_____℃的温水中，并加入_____，缓慢搅拌成均匀酵母液，放置_____分钟，待其表面产生大量气泡后，即可加入面粉中搅拌使用。

二、选择题

1. 搅拌机中用于乳沫类蛋糕和霜式等搅拌的搅拌桨为（　　）。
   A. 钩状搅拌器　　　　　　B. 桨状搅拌器
   C. 球状搅拌器　　　　　　D. 叶状搅拌器

2. （　　）主要作用是将冷却后的面包切割成片。
   A. 切片机　　　　　　　　B. 面包分割机
   C. 整形机　　　　　　　　D. 成型机

3. 下列不属于定型工具的是（　　）。
   A. 抹刀　　　　　　　　　B. 搅板
   C. 锯齿刀　　　　　　　　D. 滚刀

4. 下列最适合用来做蓬松酥脆口感西点的面粉是（　　）。
   A. 普通面粉　　　　　　　B. 低筋面粉
   C. 中筋面粉　　　　　　　D. 高筋面粉

5. 下列不属于地表水的是（　　）。
   A. 江水　　B. 湖水　　C. 溪水　　D. 井水

6. 化学膨松剂的作用不包含（　　）。
   A. 增大体积　　　　　　　B. 使结构松软
   C. 使组织内部气孔均匀　　D. 防腐作用

7. 下列不属于鸡蛋的作用的是（　　）。
   A. 黏结、凝固作用　　　　B. 乳化作用
   C. 膨发作用　　　　　　　D. 柔软作用

8. 红枣蛋糕归属于（　　）。
   A. 重油蛋糕　　　　　　　B. 戚风类蛋糕
   C. 海绵蛋糕　　　　　　　D. 慕斯蛋糕

9. 使用面粉油脂拌合法时油脂占比不少于（　　）
   A. 30%　　B. 40%　　C. 50%　　D. 60%

三、判断题

1. 混酥类面团基本上选用筋力较大的高筋面粉。（　　）
2. 糖应选用糖粉或细砂糖。（　　）
3. 蛋液可以一次性加入，使搅拌更充分。（　　）
4. 成型的饼干应尽快烘烤，防止饼干软化出油。（　　）
5. 水化作用与pH值有密切关系，pH值越高，水化越慢。（　　）
6. 添加奶粉会使面团吸水率变高。（　　）

7. 高筋面粉水化较慢，低筋面粉水化较快。（　　）

四、简述题

1. 水在面包制作过程中起到什么作用？
2. 酵母是怎么让面团变大的？
3. 简述乳制品在烘焙食品中的作用。
4. 糖在烘焙中起到什么作用？
5. 简述糖油拌和法的搅拌程序。
6. 简单描述面团分割后滚圆的目的是什么？
7. 为什么要进行中间发酵？

模块二
果蔬类食品的制作工艺

项目一 果蔬类食品基础知识的认知

果蔬类食品是指以水果蔬菜、食用菌等为主要原料，经过一系列加工工艺（腌制、干制、油炸和非油炸的干燥、冻干等）制作而成的一类食品。

任务一 果蔬类食品的分类

以新鲜果蔬为原料，根据它们的理化性质，采用不同的加工工艺制成各种制品，这一系列过程称之为果蔬加工。果蔬类食品按照加工工艺方法可分为果蔬干制品、果蔬腌制品、果蔬罐头制品、果蔬速冻制品、果蔬汁及果酒等。

一、果蔬干制品

果蔬干制品是指将新鲜的果蔬原料通过人工或自然干燥的方法脱出一部分水分而制成的加工品，使可溶性物质的浓度提高到微生物难以利用的程度，并始终保持低水分。代表性品种如香菇干（见图2-1）、龙眼干（见图2-2）等。

图2-1 香菇干 　　　　　　　　　图2-2 龙眼干

二、果蔬腌制品

果蔬腌制品或果蔬糖制品是指将新鲜的果蔬原料加糖煮浸、加盐腌渍，使制品内含糖量、含盐量达到一定浓度，加入香料或辅料（也可不加）而制成的加工品。代表性品种如果脯（见图2-3）、泡菜（见图2-4）等。果蔬腌制品主要是利用糖、盐的高渗透压保藏原理制成的。

图 2-3　果脯

图 2-4　泡菜

三、果蔬罐头制品

果蔬罐头制品是指将新鲜的果蔬原料经处理后装入罐内，经过排气、密封、杀菌、冷却处理而制成的加工品。此类食品既能长期保存、便于携带和运输，又方便卫生，是加工品中的主要产品，代表性品种如橘子罐头（见图 2-5）、西红柿罐头（见图 2-6）等。

图 2-5　橘子罐头

图 2-6　西红柿罐头

四、果蔬速冻制品

果蔬速冻制品是指将经过预处理的新鲜果蔬置于冻结器中，在-25～-30 ℃的温度条件下，在有强空气循环的冷冻库内快速冻结而制成的加工品。果蔬速冻制品需放在-18 ℃的冷冻库内保存。代表性品种如水果速冻制品（见图 2-7）、蔬菜速冻制品（见图 2-8）等。

图 2-7　水果速冻制品

图 2-8　蔬菜速冻制品

五、果蔬汁

果蔬汁是指将经过预处理的新鲜果蔬，由压榨或提取得到汁液，经过调制、密封、杀菌工艺而制成的加工品。代表性品种如果汁、果蔬汁（见图 2-9）、果饴（见图 2-10）和果汁粉等。

图2-9 果蔬汁

图2-10 果饴

六、果酒

果酒是指将果品通过酒精发酵或利用果汁调配而成的一种含酒精的饮料，可分为蒸馏酒、发酵酒和配制酒等。

任务二 果蔬加工原料的要求与预处理

一、果蔬加工原料的要求

果蔬类食品制作方法较多，不同的加工方法对原料均有一定的要求。优质高产、低耗的加工品，除受工艺和设备的影响外，更与原料的品质好坏以及原料的加工适性有密切的关系。在加工工艺和设备条件一定的情况下，原料的好坏就直接决定着制品的质量。果蔬类食品加工制作对原料总的要求是要有合适的种类、品种，适当的成熟度和良好、新鲜、完整的状态。

二、果蔬加工原料的预处理

果蔬加工原料的预处理，对其成品的影响很大，如处理不当，不但会影响产品的质量和产量，而且会对后续的加工工艺造成影响。为了保证加工品的风味和综合品质，必须认真对待加工前原料的预处理。

尽管果蔬种类和品种各异，组织特性相差很大，加工方法也有很大的差别，但加工前的预处理过程却基本相同。果蔬加工原料的预处理包括挑选、分级、洗涤、去皮、修整、切分、烫漂（预煮）、护色、半成品保存等工序，对制品影响最大的是挑选、去皮、烫漂和护色等工序。

项目二　常见果蔬类食品的制作

任务一　果蔬干制品的制作

干制也称干燥（Drying）、脱水（Dehydration），是指在自然或人工控制的条件下促使食品中水分蒸发，脱出一定水分，而将可溶性固形物的浓度提高到微生物难以利用的程度的一种加工方法。

果蔬干制的目的是减少新鲜果蔬中所含水分，降低其水分活性，迫使微生物不能生长发育，同时，抑制果蔬中酶的活动，从而使果蔬得以保存。果蔬干制过程可分为初期加热、恒速干燥和减速干燥三个阶段，其动力为水分梯度和温度梯度。干制时果蔬水分的蒸发依靠水分外扩散作用与水分内扩散作用。一般而言，果蔬干制方法包括自然干制和人工干制。

一、自然干制

自然干制是指利用自然条件（如太阳、热风等）使果品、蔬菜干燥的方法。将原料直接用日光曝晒至干的方法称为晒干或日光干燥（见图2-11）；用自然风力干燥的方法称为阴干、风干或晾干。

图2-11　日光干燥

二、人工干制

人工干制是指在人工控制的条件下，使食品水分蒸发的方法，如烘房烘干（见图2-12）、滚筒干燥、隧道干燥、热空气干燥、真空冷冻干燥、喷雾干燥、远红外干燥和微波干燥等。

图 2-12　烘房烘干

任务二　果蔬糖制品的制作

果蔬糖制品是指利用高浓度糖液的渗透脱水作用，将果品蔬菜加工而成的果蔬类食品。该制品具有高糖或高糖高酸等特点，不仅改善了原料的食用品质，赋予产品良好的色泽和风味，而且提高了产品的保质期。

一、果蔬糖制品的分类

果蔬糖制品按其加工方法和状态分为两大类，即果脯蜜饯类和果酱类。果脯蜜饯类属于高糖食品，保持果实或果块原形，含糖量多在 50%～70%；果酱类则属高糖高酸食品，不保持原来形状，含糖量多在 40%～65%，含酸量约在 1% 以上。

二、果脯蜜饯类制品的制作工艺要点

（一）原料选择

制作果脯蜜饯类制品需保持一定的块形，所以在原料选择时，通常应选用正品果。原料的成熟度，一般以七至八成熟的硬熟果为宜。

（二）原料预处理

1. 挑选分级

根据制品对原料的要求，及时剔除病果、烂果、成熟度过低或过高的不合格果。同时，应按大小或成熟度对原料进行分级，以便在同一工艺条件下加工，使产品质量一致。

2. 皮层处理

根据果蔬种类及制品质量要求，皮层处理有针刺、擦皮和去皮等方法。针刺是为了有利于盐分或糖分的渗入，对皮层组织紧密或有蜡质的小果，如李子、金柑、枣和橄榄等原料，

117

采用的一种划缝方法。针刺常用手工制作的排针和针刺机。擦皮有两种方法，一是只要把外皮擦伤，使用盐或粗砂相混摩擦；二是把皮层擦去一薄层，如擦去柑橘表皮的油胞层或擦去马铃薯表皮等。擦皮可采用抛滚式擦皮机。对于形状规则的圆形水果，如梨和苹果等，常用手摇旋皮机或电动削皮机去皮；对于皮层易剥离的水果，如柑橘、香蕉和荔枝等，常用手工剥皮；对于桃、杏、猕猴桃、橄榄和萝卜等水果，常用一定浓度的氢氧化钠溶液处理，除去果皮。去皮时，要求以去净果皮，但不损及果肉为度。如过度去皮，则只会增加原料的损耗，并不能提高产品质量。

3. 切分、去心、去核

对于体积较大的果蔬原料，在糖制时需要适当切分。根据产品质量要求，常切成片状、块状、条状、丝状和划缝等形态。切分要求大小均匀，充分利用原料。少量原料的切分常用手工切分，大批量生产则需用机械设备完成，如劈桃机和划纹机等。原料的去心、去核也是糖制前必不可少的一道工序（小果除外）。去心、去核多用简单的工具进行手工操作。

（三）硬化与保脆

为提高原料耐煮性和酥脆性，在糖制前应该对原料进行硬化和保脆处理，即把原料浸入溶有硬化剂的溶液中。常用的硬化剂有石灰、明矾、亚硫酸氢钙和氯化钙等。一般含果酸物质较多的原料用0.1%~0.5%的石灰溶液浸渍；含纤维素较多的原料用0.5%左右的亚硫酸氢钙溶液浸渍为宜。浸泡时间应视原料种类、切分程度而定，通常为10~16小时，以原料的中心部位浸透为止，浸泡后立即用清水漂净。

（四）盐腌

仅在加工南方凉果时采用盐腌，即用食盐或加用少量明矾或石灰腌制原料，常作为半成品保藏方式来延长加工期限。

（五）护色

1. 硫处理

为获得色泽清淡而半透明的制品，制作果脯的原料在糖制前要进行硫处理，以抑制氧化变色。硫处理有熏硫处理和浸硫处理两种方法。熏硫处理是在熏硫室或熏硫箱中进行，1吨原料需硫黄2~2.5千克，熏蒸8~24小时。浸硫处理应先配制好0.1%~0.2%的亚硫酸或亚硫酸氢钠溶液，再将原料置于该溶液中浸泡10~30分钟。硫处理后的果实，在糖煮前应充分漂洗，去除残硫，使SO_2含量降到20毫克/千克以下。

2. 染色

果蔬原料所含有的天然色素在加工中容易被破坏，为恢复应有的色泽，常用染色剂进行染色。天然红色素有玫瑰茄色素和苏木色素，黄色色素有姜黄色素和栀子色素，绿色色素有叶绿素铜钠盐。人工合成色素有柠檬黄、胭脂红、苋菜红和靛蓝色等。人工合成色素的使用

量不能超过 0.005%～0.01%，天然色素也应掌握一定的用量。染色时，要求原料先用 1%～2%的明矾溶液浸泡，然后再染色；也可把色素调进糖渍液中直接染色，或在制品后以淡色溶液在制品上染色。染色时，务求淡、雅、鲜明和协调。

（六）烫漂（预煮）

蜜饯的原料一般要经烫漂工序（也称预煮），可抑制微生物活动，防止原料变质；同时能钝化酶的活性，防止氧化变色；排除原料组织中部分空气，使组织软化，有利于糖分渗透；除去原料中的苦涩味，改善风味。

预煮方法是将原料投入温度不低于 90 ℃的预煮水中，不断搅拌，时间为 8～15 分钟。捞起后立即放在冷水中冷却。

（七）糖制

糖制方法主要有糖渍和糖煮两种。这也是糖制品制作工艺中的关键性操作。

1. 糖渍

糖渍也称冷浸法糖制，将经预处理后的果蔬原料分次加入白糖，无须加热，在室温下浸渍一定时间。除糖渍外，还可糖渍结合日晒，使糖液浓度逐步上升。也可采用浓糖趁热加在原料上，使糖液与原料有较大的温差，可促进糖分的渗透。由于糖渍使原料失水，当原料体积缩减至原来一半左右时，糖渍速度降低。这时沥干表面糖液，即为成品。糖渍时间约为 1 周。冷浸法糖制不进行糖煮，制品能较好地保持原有的色、香、味、形态和质地，维生素的损失也较少，适用于果肉组织比较疏松而不耐煮的原料，如青梅、杨梅、樱桃和桂花等。

2. 糖煮

糖煮也称加热煮制法，糖煮法加工迅速，但其色、香、味和营养物质有所损失。此法适用于果肉组织较致密、较耐煮的原料。糖煮有一次煮成法、多次煮成法和减压渗糖法等方法。

（1）一次煮成法

此法适用于含水量较低、细胞间隙较大、组织结构疏松易渗糖的原料，如柚皮和经过划缝、榨汁等处理后的橘饼坯、枣等。先将糖和水在锅中加热煮沸，使糖度达到 40%左右。然后，将预处理过的原料放入糖液中不断搅动，并注意随时将粘在锅壁的糖浆刮入糖液中，以避免焦化。在糖煮过程中分次加入白糖，一直煮到糖度为 75%。此法由于加热时间较长，容易煮烂，又易引起失水，使产品干缩。为缩短加热时间，可先将原料浸渍在糖溶液中，然后在锅中煮到应有的糖度为止。

（2）多次煮成法

此法适用于含水量较高、细胞壁较厚、组织结构较致密、不易渗糖的原料。糖煮可分 3～5 次进行，先将处理后的原料置于 40%浓度的糖液中，煮沸 2～3 分钟，使果肉变软。然后连同糖液一起倒入缸内浸泡 8～24 小时。接着煮沸 2～3 分钟。如此反复 4～5 次，最后一次把糖液浓度提高到 70%。待含糖量达到成品要求时，便可沥干糖液，整型后即为成品。

（3）减压渗糖法

此法为糖制新工艺，它改变了传统的糖煮方法。其操作方法是将原料置于加热煮沸的糖液中浸渍，利用果实内外压力之差，促进糖液渗入果肉。如此反复进行数次，最后烘干，即可制得质量较高的产品。因为它避免了长时间的加热煮制，基本上保持了新鲜颗粒原有的色、香、味，维生素 C 的保存率也很高。

任务三　果蔬罐头制品的制作

果蔬罐头制品的制作流程是：原料选择→预处理→装罐注液→排气→密封→杀菌→冷却→保温→检验→贴标→装箱。

一、原料选择

首先要求果蔬罐头制品的制作原料具有优良的品质。此外，要求采收时成熟度略低于鲜食，以便储运和减少损耗。

二、预处理

预处理包含选别、分级、清洗、去皮、去核、切分和护色等。

三、装罐注液

（一）空罐准备

原料装罐前，首先检查空罐是否符合要求。如果选用玻璃罐，要求罐口平整、光滑、无缺口、正圆、厚度均匀、玻璃内无气泡裂纹。如果选用金属罐，要求罐形整齐、缝线标准、焊接完整均匀、罐口罐盖无缺口。

其次应检查空罐的清洁情况，无论是新罐还是旧罐，使用前均需进行彻底清洗，必要时可用 5%的碱液或 0.5%～1%的高锰酸钾清洗。有的金属罐还要放在重铬酸钠或氢氧化钠中进行化学溶液"钝化"处理。

（二）配制填充液

果蔬罐头制品常使用的填充液有糖液和食盐溶液。对含酸量较低的果蔬罐头制品还需添加枸橼酸，用来调整内容物的糖酸比。

（三）装罐

经过预处理的原料要尽快地装罐。装罐时要求原料无软烂、无变色斑点；同一罐内原料大小、形状、色泽大致均匀，原料排列整齐、美观；罐内装量准确，每罐净重允许公差±3%，每批罐头总体净重率平均值不得低于标准要求。

（四）注液

注入罐内填充液的量要准确，并注意留有一定顶隙。顶隙是指罐头内容物表面到罐盖之间的垂直距离，顶隙大小对罐头质量影响很大，一般要求顶隙为6～8毫米。

四、排气

（一）排气的目的

排气的主要目的是将罐头顶隙中和食品组织中残留的空气尽量排除掉，罐头封盖后形成一定程度的真空状态，以防止罐头变质和延长贮存期限。

（二）排气的方法

排气的方法主要有热力排气法、真空排气法和蒸汽喷射排气法三种。

1. 热力排气法

热力排气法是利用食品和气体受热膨胀的基本原理，使罐内食品和气体膨胀，罐内部分水分汽化，水蒸气分压提高来驱赶罐内的气体。

2. 真空排气法

真空排气法是借助真空封罐机将罐头置于真空封罐机的真空仓内，在抽气的同时进行密封。

3. 蒸汽喷射排气法

蒸汽喷射排气法是在封罐的同时向罐头顶隙内喷射具有一定压力的高压蒸汽，利用蒸汽驱赶、置换罐头顶隙内的空气，再经过密封、杀菌、冷却后，顶隙内的蒸汽凝结而形成一定的真空度。

五、密封

果蔬罐头通过密封使罐内容物不再受外界的污染和影响。虽然密封操作时间很短，但它是罐藏工艺中一项关键性操作，直接关系产品的质量。封罐操作应在排气后立即进行，一般通过封罐机来完成。

六、杀菌与冷却

（一）杀菌

果蔬罐头杀菌的目的主要是使罐头内容物不受微生物的影响，从而达到商业无菌的要求。杀菌的传热介质一般为热水和蒸汽，以蒸汽应用较多。依照果蔬原料的性质不同，果蔬罐头杀菌方法可分为常压杀菌和加压杀菌两种，其过程包括升温、保温和降温三个阶段。

（二）冷却

果蔬罐头杀菌完毕后应立即冷却。如果冷却时间不够或冷却时间过长，会使内容物的色泽、风味、组织结构受到破坏，还可能促进罐内未彻底杀灭的嗜热微生物生长，加速罐内壁腐蚀。

七、保温

为了保证罐头食品在保质期内不发生由于杀菌不足而引起的破坏，通常在杀菌冷却后对罐头进行保温处理。保温处理场所为保温仓库，设置保温温度为 38～40 ℃，处理时间为一周左右。

任务四　果蔬速冻制品的制作

果蔬的速冻是指果蔬原料经预处理后，采用快速冻结的方法产生冻结，并在适宜的低温下进行储存的方法。果蔬速冻制品的制作流程有：原料→剔选→清洗→去皮、切分→烫漂→冷却→沥干→速冻→包装。

一、去皮、切分

果蔬速冻制品制作所用的原料中，如果是小型果品（如浆果类），可直接采用整果冷冻，不需要经过去皮和切分；而大型果品或外皮比较坚实粗硬的果蔬原料，则要经过去皮和切分处理等工序。

切分要求果蔬原料的大小、厚度和长短等要一致。切分的规格，一般产品都有特定的要求。叶菜类有的采用整株冻结，有的切段后冻结；块茎类和根菜类一般采用切条、切丝、切块和切片后再冻结。

二、烫漂、冷却

果蔬烫漂的时间要根据原料的老嫩、切分的大小和酶的活性强弱来规定，生产中必须经常做过氧化物酶活性的检验。

果蔬烫漂后要立即冷却，使其温度降到 10 ℃。

三、沥干

果蔬原料表面黏附的水分在冻结时很容易结成冰块，所以要采取措施将其沥干。沥干的措施可使用离心甩干机或振动筛，也可放入箩筐内自然沥干。

四、速冻

果蔬速冻的方法较多,按使用的冷却介质与食品接触的状况可分为间接接触冷冻法和直接接触冷冻法。

(一)间接接触冷冻法

间接接触冷冻法是指用制冷剂或低温介质冷却的金属板同食品密切接触并使食品冻结的方法。这种方法完全借助热传导,可用于冻结未包装或用塑料袋、玻璃纸或纸盒包装的果蔬。

(二)直接接触冷冻法

直接接触冷冻法是指散装或包装食品在与低温介质或超低温制冷剂直接接触下进行冻结的方法。

实操案例

实操案例一 菠萝罐头的制作工艺

一、工具与设备

玻璃罐若干个、刀和锅等。

二、材料及配方

菠萝 2 个、14°Bé～18°Bé 的糖水溶液、1%～2%的盐水溶液、水适量。

三、制作流程

菠萝罐头的制作流程如图 2-13 所示。

①检查玻璃罐是否完整　②大火蒸煮杀菌 20 分钟　③菠萝去皮,去果心,切片、切块

图 2-13　菠萝罐头的制作流程

食品工艺

④盐水浸泡 　　　　　　　⑤取出杀菌后的玻璃罐 　　　　⑥水里加冰糖，加热溶解

⑦将浸泡盐水后的菠萝装入罐中 　⑧加糖水没过菠萝 　　　⑨盖上盖子放锅中蒸煮5分钟，盖子不拧紧

⑩取出玻璃罐，拧紧盖子继续杀菌20分钟 　　　⑪出锅冷却，冷却后盖子内部产生压力使其呈弧形，表示密封成功

图2-13　菠萝罐头的制作流程（续）

四、注意事项

（1）菠萝切片应大小均匀，厚度以15～20毫米为宜。

（2）排气结束应立即封罐。

（3）糖度根据口感需要进行调整，案例中糖度仅供参考，如有必要，可添加适当的柠檬酸。

五、成品评判标准

菠萝罐头成品的特征是颜色呈金黄色、色泽鲜亮、有菠萝酸甜可口的口感和香味。

实操案例二　韩国泡菜的制作工艺

视频讲解

一、工具设备

冰箱、打浆机、一次性手套、保鲜盒、菜刀、不锈钢盆和砧板等。

124

二、材料及配方

白菜 2 颗、萝卜 2 根、大葱 2 根、小葱 200 克、洋葱 200 克、白梨 300 克、苹果 300 克、生姜 50 克、蒜头 50 克、红辣椒 300 克、辣椒粉 30 克、白糖 50 克、味精 10 克、食盐 500 克、鱼露 15 克。

三、制作流程

韩国泡菜的制作流程如图 2-14 所示。

① 准备材料 　　②白菜切开，盐腌 　　③水漂，挤干

④大葱、小葱、洋葱切丝切段 　　⑤白梨、苹果、姜、蒜头、辣椒切小 　　⑥上述材料依次放入打浆机磨浆，加入调味料

⑦磨浆成品 　　⑧拌匀，腌制 　　⑨白菜涂抹腌料

⑩放入保鲜盒，冷藏，发酵 30 天即可

图 2-14　韩国泡菜的制作流程

四、注意事项

（1）制作泡菜前要清洗双手，制作环境要干净、卫生、阴凉，避免阳光直射和潮湿的环境。

（2）盛放的容器要密闭，不易渗漏，营造有利于乳酸菌发酵的厌氧环境，制作泡菜前要用热水将容器洗涤干净。

（3）要将泡菜放置于阴凉处或冰箱内，环境温度不宜过高，避免阳光照射，泡菜发酵过程中不要随便打开容器，减少泡菜与空气频繁接触，以免受到空气中微生物的污染。

（4）正常发酵好的泡菜清香、爽脆，如果发现发酵后的泡菜软烂，或有发霉的味道，则是污染了杂菌，切勿食用。

五、成品评判指标

正常发酵好的泡菜清香、爽脆。

实操案例三　草莓果酱的制作工艺

一、工具与设备

电磁炉、锅、木匙、糖度计、刀、果酱瓶和浇注器等。

二、材料及配方

草莓1 000克、白砂糖600～700克、柠檬酸0.5克。

三、制作流程

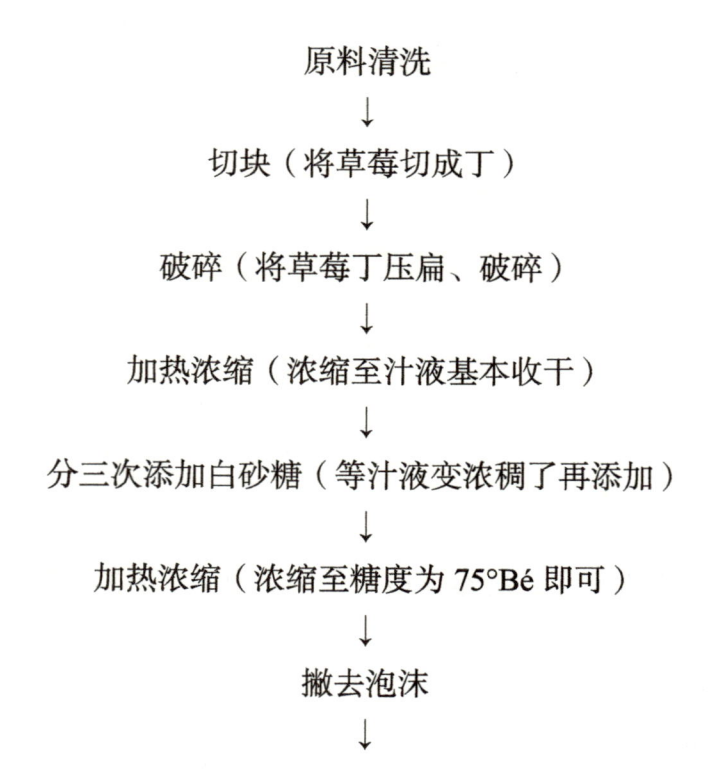

原料清洗
↓
切块（将草莓切成丁）
↓
破碎（将草莓丁压扁、破碎）
↓
加热浓缩（浓缩至汁液基本收干）
↓
分三次添加白砂糖（等汁液变浓稠了再添加）
↓
加热浓缩（浓缩至糖度为75°Bé即可）
↓
撇去泡沫
↓

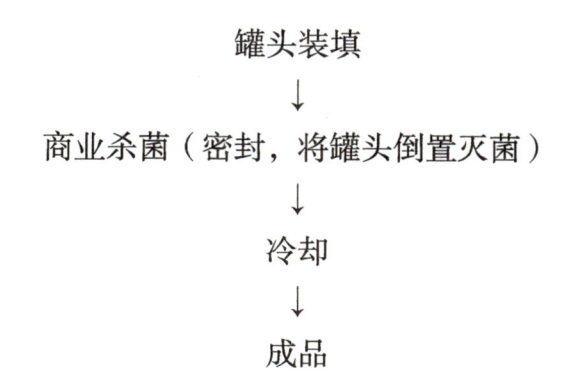

罐头装填
↓
商业杀菌（密封，将罐头倒置灭菌）
↓
冷却
↓
成品

四、注意事项

（1）熬煮浓缩时，电磁炉的火不能太大，并不断地搅拌，防止烧焦。
（2）除了白砂糖，还可以用麦芽糖代替，可以增加浓稠感和香气。

三、成品评判标准

草莓果酱成品的特征是色泽鲜亮、有草莓酸甜的风味和口感。

实操案例四 五香萝卜干的制作工艺

一、工具与设备

菜刀、砧板、不锈钢盆和玻璃容器等。

二、材料及配方

原料：白萝卜 5 000 克、食盐 100 克。
调味：萝卜干 1 000 克、白砂糖 80 克、味精 8 克、五香粉 30 克、料酒少许。

三、制作流程

（一）萝卜干的制作

原料
↓
清洗
↓
去除头尾

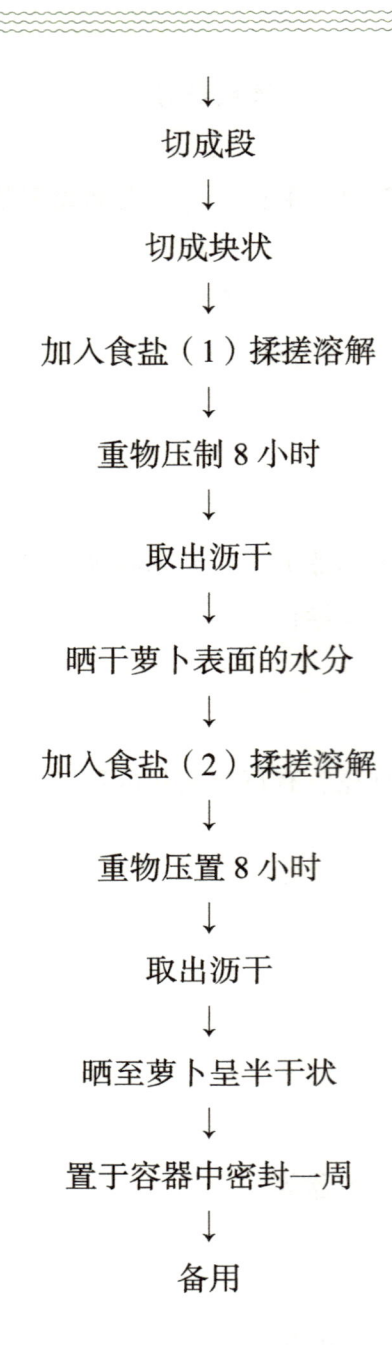

↓
切成段
↓
切成块状
↓
加入食盐（1）揉搓溶解
↓
重物压制 8 小时
↓
取出沥干
↓
晒干萝卜表面的水分
↓
加入食盐（2）揉搓溶解
↓
重物压置 8 小时
↓
取出沥干
↓
晒至萝卜呈半干状
↓
置于容器中密封一周
↓
备用

（二）五香萝卜干的调味

萝卜干清洗
↓
浸泡去盐
↓
浸热水灭菌
↓
沥干水分
↓
加入白砂糖、味精、五香粉和料酒等调料

↓

揉搓均匀

↓

装袋

↓

抽真空

↓

紫外线灭菌

↓

成品

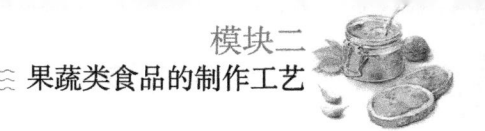

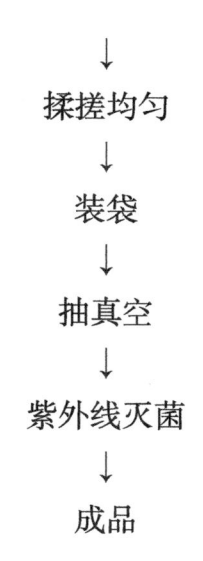

四、注意事项

（1）萝卜切成厚的长方条并用食盐揉搓软化。

（2）置于容器中用重物压置 6 小时以上，并重复两次，确保萝卜充分失水。

（3）萝卜晒至半干状。

（4）置于瓮中密封贮藏一周，即可取出调味，包装后即为成品。

五、成品评判标准

五香萝卜干成品的特征是萝卜干缩水明显、口感清脆、色泽鲜亮。

知识小练

一、填空题

1. 干制也称干燥（Drying）、脱水（Dehydration），是指在自然或人工控制的条件下促使食品中水分蒸发，脱出一定水分，而将可溶性固形物的浓度提高到微生物难以利用的程度的一种加工方法。一般而言，干制包括_____和_____。
2. 制作果脯蜜饯一般以_____的硬熟果为宜。
3. 果蔬罐头常用的排气方法主要有_____、_____和蒸汽喷射排气法三种。
4. 罐头杀菌的目的主要是使罐头内容物不致受微生物等的破坏，从而达到商业无菌的要求，杀菌的传热介质一般为_____和_____。

二、简答题

1. 简述什么是果蔬加工。
2. 简述果蔬罐头的制作流程。
3. 简述果蔬速冻制品的生产过程。

模块三
饮料类食品的制作工艺

项目一 饮料类食品基础知识的认知

饮料类食品也称为饮品，是指经过定量包装的、供人体直接饮用或按一定比例用水冲调或冲泡饮用的、乙醇含量不超过 0.5% 的制品。

任务一 饮料的分类

饮料类食品的种类非常多，我们日常生活中的茶、牛奶、汽水及啤酒等都属于饮料（见图 3-1）的范围。

图 3-1 饮料

一、按照物理状态分

（一）液体饮料

液体饮料是指被加工成液体状态，可以直接饮用或稀释后饮用的饮料，如汽水、果汁、啤酒等。

（二）固体饮料

固体饮料是指被加工成固体状态，需要加水溶解或浸泡后才能饮用的饮料，如咖啡、茶等。

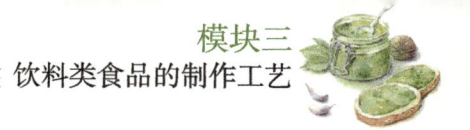

二、按照是否含有气体分

（一）碳酸饮料

含有二氧化碳气体的饮料称为碳酸饮料。此类饮料将二氧化碳气体和各种不同的香料、水分、糖浆和色素等混合在一起，形成气泡式饮料，如可乐和汽水等。

（二）非碳酸饮料

不含有二氧化碳气体的饮料称为非碳酸饮料，如鲜果汁等。

三、按照是否含有酒精分

（一）酒精饮料

酒精饮料是指供人们饮用且乙醇（酒精）含量在 0.5%～65%（v/v）的饮料，包括各种发酵酒、蒸馏酒及配制酒。

（二）无酒精饮料

无酒精饮料又称软饮料，是指酒精含量小于 0.5%（v/v），以补充人体水分为主要目的饮料。如世界流行的三大无酒精饮料（咖啡、茶、可可），各种果蔬饮料、碳酸饮料、矿泉水等都属于无酒精饮料。

任务二　饮料制作的主要原辅料

饮料制作常用的主要原辅料包括水、果蔬、牛乳及其制品、植物蛋白原料、咖啡豆、可可豆及食品添加剂等。

一、水

水在饮料中的含量一般占 85%～90%，水是饮料生产中使用量最大的原材料。水质的好坏，直接影响饮料的质量。饮料生产用水不仅要符合生活饮用水的标准，甚至要高于此标准。因此为了生产品质优良的饮料，必须选择优良的水源，科学合理地进行一系列净化处理，达到饮料生产用水的要求。

二、食品添加剂

（一）甜味剂

甜味剂是构成饮料风味的物质，具有一定的营养和生理调节功能，并赋予饮料一定的触

感，同时具有一定的防腐作用。饮料制作常用的甜味剂有蔗糖、葡萄糖、果糖、果葡糖浆、糖精、甜蜜素、蛋白糖、糖醇、阿斯巴甜、三氯蔗糖、甜菊糖甙等。

（二）酸味剂

酸味剂赋予软饮料特定的酸味，能改进软饮料的风味，并通过刺激味蕾使人们产生唾液，加强饮料的解渴作用，同时具有一定的防腐作用。常用的酸味剂包括有机酸（柠檬酸、酒石酸、苹果酸、抗坏血酸、乳酸、葡萄糖酸、醋酸等）和无机酸（磷酸等）。

（三）食用色素

在饮料制作中添加食用色素是为适应消费者的喜好要求，模仿天然产品的色泽，弥补加工中的变化等。

食用色素分为天然食用色素和人工合成色素。天然食用色素具有无害性、成本高、性质不稳定、不易调色等特点。饮料制作中常用的天然色素有红曲色素、虫胶色素、姜黄、焦糖色素、叶绿素铜钠（最大允许使用量为0.5克/千克）等。人工合成色素对人体有害，成本低，性质较稳定，调色方便。

（四）香精、香料

香精、香料在饮料生产中的作用主要有以下几点。
（1）填补食品天然良好香气的不足
（2）稳定同型产品香气
（3）弥补加工过程中香气的损失
（4）矫正或掩盖不良气味
（5）为无香食品赋香
（6）替代或部分替代天然香气

饮料制作采用的香料有天然香料和人工香料两种。天然香料有橘子油、甜橙油、柠檬油等。人工香料有苯甲醛、香兰素、乙基香兰素、薄荷脑、乙酸异戊酯等。

项目二　常见饮料类食品的制作

任务一　碳酸饮料的制作

碳酸饮料（见图 3-2）是指在一定条件下充入二氧化碳气体的饮料，但不包括由发酵法自身产生二氧化碳气体的饮料，通常称为汽水。二氧化碳气体称为碳酸气，能将人体内热量带走，使人体产生清凉、爽快的感觉。

图 3-2　碳酸饮料

一、碳酸饮料的分类

（一）果汁型碳酸饮料

果汁型碳酸饮料是指含有一定量果汁的碳酸饮料，如橘汁汽水、橙汁汽水、菠萝汁汽水等，要求果汁型碳酸饮料中原果汁含量不低于 2.5%。

（二）果味型碳酸饮料

果味型碳酸饮料是指以果味、香精味为主要香气成分，含有少量果汁或不含果汁的碳酸饮料，如橘子味汽水、柠檬水等。

（三）可乐型碳酸饮料

可乐型碳酸饮料是指以可乐香精或类似可乐果香型的香精为主要香气成分的碳酸饮料。

（四）其他碳酸饮料

其他碳酸饮料是指除上述三类以外的碳酸饮料，如苏打水、盐汽水、姜汁汽水、沙士汽水等。

二、碳酸饮料生产工艺

碳酸饮料生产的一般工艺流程主要包括调和糖浆的制备、碳酸化、灌装等工序。

（一）调和糖浆的制备

调和糖浆是指除原糖浆以外，添加了酸味剂（柠檬酸）、防腐剂（苯甲酸钠）、果汁、色素、香精等配料制成的糖液。调和糖浆制备过程主要包括化糖、原糖浆过滤及调味糖浆制备等工序。

1. 化糖

将定量的砂糖加入定量的水中，溶解制得糖浆的工艺过程称为化糖。化糖也是糖溶解过程，有冷溶法和热溶法两种溶解方法。

（1）冷溶法是指在室温下把砂糖加入冷水中，不断搅拌以达到溶解目的的化糖方法。优质砂糖以及不需要长期贮存的饮料糖浆的制备可以采用这种方法。

（2）热溶法包括蒸汽加热溶解法和热水加热溶解法。

蒸汽加热溶解法是指将水和砂糖按比例加入溶糖罐内，通过蒸汽加热，在高温下搅拌溶解的化糖方法。热水加热溶解法是指边搅拌边把糖逐步加入热水中溶解，然后加热杀菌、过滤、冷却的化糖方法。热水加热溶解法是目前国内厂家常用的方法。

2. 原糖浆过滤

制得的糖浆溶液必须进行严格的过滤，以除去糖溶液中的许多细微杂质，常采用自然过滤法和加压过滤法。

3. 调味糖浆制备

调味糖浆制备是指根据不同碳酸饮料的要求，在原糖浆中加入酸味剂、香精、色素、防腐剂、果汁及定量的水等原辅料，混合均匀的工艺过程。

（二）碳酸化

碳酸化是指二氧化碳与水的混合过程。碳酸化程度会直接影响碳酸饮料的质量和口味，是饮料生产的重要工艺之一。

饮料中的二氧化碳量是以单位体积的液体中所含的二氧化碳气体体积数来计算的。碳酸饮料生产中要通过控制碳酸化的温度和压力使得产品含二氧化碳量达到溶液体积的1.5～4倍。

（三）灌装

灌装可分为一次灌装法和二次灌装法。

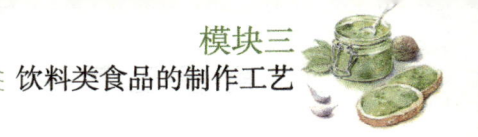

1. 一次灌装法

一次灌装法又称为预调式灌装法、成品灌装法或前混合法。将调味糖浆与水预先按照一定比例泵入碳酸饮料混合机内，进行定量混合后再冷却，将该混合物碳酸化后，再装入容器。一次罐装法流程如图3-3所示。

饮用水→水处理→冷却→气水混合←二氧化碳
↓
糖浆→调配→混合→灌装→密封→检验→产品
↑
容器→清洗→检验

图3-3　一次罐装法流程

2. 二次灌装法

二次灌装法又称为现调式灌装法、预加糖浆法或后混合法。将调味糖浆定量注入容器中，加入碳酸水至规定量，密封后再混合均匀。二次灌装法流程如图3-4所示。

饮用水→水处理→冷却→气水混合←二氧化碳
↓
糖浆→调配→冷却→灌浆→灌水→密封→混合→检验→产品
↑
容器→清洗→检验

图3-4　二次罐装法流程

任务二　果蔬汁饮料的制作

果蔬汁饮料（见图3-5）是指以果汁（浆）、浓缩果汁（浆）或蔬菜汁（浆）、浓缩蔬菜汁（浆）、水为原料，添加或不添加其他食品原辅料和（或）食品添加剂，经加工制成的饮料。

一、果蔬汁饮料的分类

（一）果汁饮料类

1. 果汁饮料

果汁饮料是指在果汁（浆）或浓缩果汁（浆）中加入水、食糖和（或）甜味剂、酸味剂等调制而成的饮料，可加入柑橘类的囊胞（或其他水果经切细的果肉）等果粒。

图3-5　果蔬汁饮料

2. 果汁饮料浓浆

果汁饮料浓浆是指在果汁（浆）或浓缩果汁（浆）中加入水、食糖和（或）甜味剂、酸味剂等调制而成的稀释后方可饮用的饮料。

3. 果肉饮料

果肉饮料是指在果浆或浓缩果浆中加入水、食糖和（或）甜味剂、酸味剂等调制而成的饮料。含有两种或两种以上果浆的果肉饮料称为复合果肉饮料。

4. 发酵型果汁饮料

发酵型果汁饮料是指在水果、果汁（浆）经发酵后制成的汁液中加入水、食糖和（或）甜味剂、食盐等调制而成的饮料。

5. 水果饮料

水果饮料是指在果汁或浓缩果汁中加入水、食糖和（或）甜味剂、酸味剂等调制而成的果汁含量较低的饮料。

（二）蔬菜汁及蔬菜汁饮料类

1. 蔬菜汁

蔬菜汁是指在用机械方法将蔬菜加工制得的汁液中加入水、食盐和白砂糖等调制而成的制品，如番茄汁。

2. 蔬菜汁饮料

蔬菜汁饮料是指在蔬菜汁中加入水、糖液、酸味剂等调制而成的可直接饮用的制品。含有两种或两种以上不同品种蔬菜汁的蔬菜汁饮料称为混合蔬菜汁饮料。

3. 复合果蔬汁饮料

复合果蔬汁饮料是指在按一定配比的蔬菜汁与果汁的混合汁中加入白砂糖等调制而成的制品。

4. 发酵蔬菜汁饮料

发酵蔬菜汁饮料是指在蔬菜或蔬菜汁经乳酸发酵后制成的汁液中加入水、食盐、糖液等调制而成的制品。

二、果蔬汁饮料的制作工艺

（一）制作流程

1. 浑浊果蔬汁

果蔬原料→清洗、挑选、分级→制汁→分离→杀菌→冷却→调和→均质→脱气→杀菌→灌装→浑浊果蔬汁

2. 澄清果蔬汁

果蔬原料→清洗、挑选、分级→制汁→分离→杀菌→冷却→离心分离→酶法澄清→过滤→调和→脱气→杀菌→灌装→澄清果蔬汁

3. 浓缩果蔬汁

果蔬原料→清洗、挑选、分级→制汁→分离→杀菌→冷却→离心分离→浓缩→调和→装罐→浓缩果蔬汁

（二）制作要点

1. 原料的选择与洗涤

选择优质的原料是果蔬汁饮料制作的重要环节，要求果实和蔬菜新鲜、无虫蛀、无腐烂，应有良好的风味和芳香，色泽稳定，酸度适中。

果蔬原料在榨汁前为了防止把农药残留和泥土尘污带入果汁中，必须将水果和蔬菜充分洗涤。带皮压榨的水果要特别注意清洗效果，必要时用无毒表面活性剂洗涤，某些水果还要用漂白粉和高锰酸钾等进行杀菌处理，一般采用喷水冲洗或流水冲洗。

2. 护色

果蔬汁饮料在其原料加工过程中会发生各种生化反应，导致成品颜色的变化、营养价值和色香味的降低或破坏。因此，制作果蔬汁饮料必须依据理论上对变色机理的解释，采取措施控制或延缓变色，保证其商品价值。水果和蔬菜的变色主要由褐变作用引起，褐变作用可按其发生机制分为酶促褐变和非酶促褐变两大类。

3. 破碎

不同的榨汁方法所要求的果浆泥的粒度是不相同的，一般要求在 3～9 毫米，破碎粒度均匀，并不含有粒度 > 10 毫米的颗粒。破碎工艺分为机械破碎、热力破碎（包括高温破碎和冷冻破碎）、电质壁分离和超声波破碎。

4. 榨汁

榨汁通常分冷榨法和热榨法两种方法。冷榨法是在常温下对破碎的果肉进行压榨取汁，其工艺简单，出汁率低。热榨法是对破碎的原料立刻进行热处理，温度为 60～70 ℃，并在加热条件下进行榨汁，提高出汁率。

5. 澄清

澄清是指通过澄清剂与果蔬原汁的某些成分发生化学反应或物理-化学反应，达到使果蔬原汁中的浑浊物质沉淀或使某些已经溶解在原汁中的果蔬原汁成分沉淀的过程。澄清后，可以很容易地过滤果蔬原汁，使制得的果蔬汁饮料达到令人满意的澄清度。澄清的方法有自然澄清、明胶-单宁法、加酶澄清法、加热凝聚澄清法和冷冻澄清法等。

6. 过滤

果蔬汁经澄清后，所有的悬浮物、胶状物质均已形成絮状沉淀，上层为澄清透明的果汁。通过过滤可以分离其中的沉淀和悬浮物，以得到所要求的澄清果汁。

过滤分为粗滤和精滤。粗滤又称筛滤，是在榨出果蔬汁后进行的，采用水平筛、回转筛、圆筒筛和振动筛等孔径为 0.5 毫米的筛网以排除粒度较大的杂质。精滤需排除所有的悬浮物，过滤介质需采用孔径较小且致密的滤布，如帆布、人造纤维布、不锈钢丝布等。常用的过滤

设备有袋滤器、纤维过滤器、板框压滤机、真空过滤器和离心分离机等。

7. 均质

均质是生产浑浊果蔬汁的必要工序，其目的在于使浑浊果蔬汁中的不同粒度、不同相对密度的果肉颗粒进一步破碎并分散均匀，促进果胶渗出，增加果胶与果胶的亲和力，防止果胶分层及沉淀产生，使果蔬汁保持均匀稳定。

8. 脱气

排除氧气是脱气的本质，常用的脱气方法有真空脱气法、氮气置换法、酶法脱气法和加抗氧化剂脱气法。

9. 调酸

为使果蔬汁有理想的风味，并符合规格要求，需要适当调节糖酸比。在调酸过程中应当保持果蔬汁原有风味，调整范围不宜过大，一般糖酸比为 13∶1～15∶1 为宜。

果蔬汁可单独制得，也可相互混合，两种以上的果蔬汁按比例混合，取长补短，可以得到与单一果蔬汁不同风味的果蔬汁，有补强的效果。如玫瑰香葡萄虽有较好的风味，但色淡、酸度低，可与深色品种相混合；宽皮橘类缺乏酸味和香味，可加入橙类果汁。

10. 浓缩

果蔬汁的浓缩过程，实质上是排除其中水分的过程，将其可溶性物提高到 65%～68%，提高糖度和酸度，可延长贮藏期。浓缩的果蔬汁体积小，可节约包装，方便运输。

生产浓缩果蔬汁时，理想的浓缩果蔬汁应有复原性，在稀释和复原时，应保持原果蔬汁的风味、色泽、浑浊度和成分等。常用浓缩果蔬汁的方法有真空浓缩法、冷冻浓缩法、反渗透与超滤工艺和干燥浓缩工艺。

11. 杀菌

杀菌是杀灭果蔬汁中污染的细菌、霉菌、酵母和钝化酶活性的操作。杀菌时，为了保持新鲜果蔬汁的风味，应使果蔬汁加热时间和温度降至最低，以保证果蔬汁有效成分损失减少到最低限度。一般采用高温短时间杀菌法，又称瞬间杀菌法，条件是在温度（93±2）℃保持 15～30 秒，特殊情况下可采用 120 ℃ 以上高温保持 3～10 秒。果蔬汁以湍流状态通过薄板之间的狭窄通道，传热效率高，且在短时间内能升高或降低到所规定的温度。通过薄板的组合，能使果蔬汁相互进行热交换，一边使高温流体降温，一边使低温流体加热，明显地节约热媒和冷媒。

12. 包装

果蔬汁的包装方法，因果蔬汁品种和容器品种而有所不同，有重力式、真空式、加压式和气体信息控制式等。果蔬汁饮料的灌装，除纸质容器外，几乎都采用热灌装。这种灌装方式由于满量灌装，冷却后果蔬汁容积缩小，容器内形成一定真空度，能较好地保持果蔬汁品质。果蔬汁罐头一般采用装汁机热装罐，装罐后立即密封，罐中心温度控制在 70 ℃；如果采用真空封罐，果蔬汁温度可稍低些。

任务三　茶饮料的制作

茶饮料（见图 3-6）是指以茶叶的水提取液或其浓缩液、茶粉等为主要原料，可以加入水、糖、酸味剂、食用香精、果汁、乳制品、植（谷）物的提取物等，经抽提、过滤和澄清等工艺加工制成的液体饮料。

一、茶饮料的分类

根据茶饮料国家标准（GB/T 21733—2008）的规定，茶饮料按产品风味分为茶汤饮料、调味茶饮料、复（混）合茶饮料和茶浓缩液四类。

图 3-6　茶饮料

（一）茶汤饮料

茶汤饮料是指以茶叶的水提取液或其浓缩液、茶粉等为原料，经加工制成的保持原茶汁应有风味的液体饮料，可添加少量的食糖和甜味剂。产品中茶多酚含量≥300 毫克/千克，咖啡因含量≥40 毫克/千克。茶汤饮料又分为红茶饮料、绿茶饮料、乌龙茶饮料、花茶饮料和其他茶饮料。

（二）调味茶饮料

调味茶饮料是指以茶叶的水提取液或其浓缩液等为原料，加入可食的配料食糖和（或）甜味剂、食用酸味剂、香精等一种或几种调味料调制而成的液体饮料。调味茶饮料包括果汁茶饮料、果味茶饮料、奶茶饮料、奶味茶饮料、碳酸茶饮料和其他调味茶饮料。

（三）复（混）合茶饮料

复（混）合茶饮料是指以茶叶和植（谷）物的水提取液或其浓缩液、干燥粉为原料加工

制成的，具有茶与植（谷）物混合风味的液体饮料。产品中茶多酚含量≥150毫克/千克，咖啡因含量≥325毫克/千克。

（四）茶浓缩液

茶浓缩液是指采用物理方法从茶叶的水提取液中除去一定比例的水分经加工制成的加水复原后具有原茶汁应有风味的液态制品。产品按标签标注的稀释倍数稀释后，其中的茶多酚和咖啡因含量应符合同类产品的规定。

二、茶饮料的制作工艺

茶饮料的一般工艺流程为茶叶的水提取物（或其浓缩液、速溶茶粉）→添加辅料调配→过滤→杀菌→罐装封盖→检验→成品。

不同茶饮料的制作工艺流程基本相同，根据各类型茶饮料不同的风味、品质和包装容器，其工艺流程稍有差别。其主要工序分为四部分：萃取、调配、充填和包装，在萃取阶段要根据不同的茶叶品种设置不同的萃取条件。

任务四　酒精饮料的制作

酒精饮料又称为饮料酒，指供乙醇度在0.5%（v/v）以上的饮料，包括各种发酵酒、蒸馏酒及配制酒。

一、酒精饮料的分类

（一）按生产工艺分类

1. 酿造酒

酿造酒又称为发酵酒，是一切酒的基础。酿造酒是指以粮谷、果、乳类等为主要原料，经过发酵或部分发酵形成原酒，再经过陈酿、澄清和过滤等原酒的后处理程序制作而成的饮料酒。发酵的过程主要是酵母菌将原料中的可发酵糖分及其他成分转化成酒精和其他香气物质的过程。

酿造酒可细分为啤酒、葡萄酒、黄酒（见图3-7）、果酒和其他发酵酒五种。

2. 蒸馏酒

蒸馏酒是指以粮谷、薯类、水果、乳类等为主要原料，经过酒精发酵形成原酒以后，再利用蒸馏的原理将原酒中的酒精、易挥发的香气物质和其他有益于酒的口感及香气的物质蒸馏出来，

图3-7　黄酒

再经过陈酿和勾兑而成的饮料酒。

蒸馏酒又可细分为白酒、白兰地（以新鲜水果或果汁为原料）、威士忌（以谷物及麦芽为原料）、朗姆酒（以糖蜜或甘蔗汁为原料）、伏特加（以食用酒精为原料）、金酒（以食用酒精、杜松子等为原料）、其他蒸馏酒。

3. 配制酒

配制酒又称为露酒，是指以发酵酒、蒸馏酒或食用酒精为酒基，加入可食用或药食两用的花、果、动植物和中草药，或以食品添加剂为呈色、呈香及呈味物质，采用浸泡、煮沸和复蒸等不同工艺加工而成的，已改变了其原酒基风格的饮料酒。配制酒的酒基既可以是原汁酒，也可以是蒸馏酒，还可以两者兼之。配制酒主要产酒国在欧洲，其中法国、意大利、匈牙利、希腊、瑞士、英国、德国和荷兰等国的产品最为有名。

配制酒的品种繁多，风格各有不同，划分类别比较困难。较流行的分类法是将配制酒分为以下几类：Aperitif（开胃酒）、Liqueur（利口酒），还有中国的配制酒——药酒。

（二）按酒精含量分类

1. 高度酒

高度酒是指酒精含量在40%以上的饮料酒，大部分蒸馏酒属此类。

2. 中度酒

中度酒是指酒精含量在20%～40%的饮料酒，大部分配制酒属此类。

3. 低度酒

低度酒是指酒精含量在20%以下的饮料酒，酿造酒（发酵酒）属此类。

二、酒精饮料的酿造工艺

酒精饮料的酿造工艺流程为酒精发酵→淀粉糖化→制曲→原料处理→蒸馏取酒→酒的老熟和陈酿→勾兑调校→成品。

实操案例

实操案例一　黑糖脏脏奶的制作工艺

视频讲解

一、工具与设备

电子秤、搅拌器、刀和砧板等。

二、材料及配方

黑糖50克、牛奶500毫升、黑糖珍珠75克、水5克。

三、工艺流程

黑糖脏脏奶的制作流程如图3-8所示。

①水煮沸，加入珍珠 　　②煮黑糖浆 　　③将黑糖珍珠倒入杯中

④顺着杯壁倒入黑糖浆 　　⑤倒入牛奶 　　⑥成品

图3-8　黑糖脏脏奶的制作流程

四、注意事项

（1）制作过程注意卫生。
（2）熬煮黑糖珍珠的时候要一直搅拌。

五、成品评判指标

黑糖脏脏奶成品的特征是奶香浓郁，具有牛奶、黑糖的风味和口感。

实操案例二　葡萄酒的制作工艺

视频讲解

一、工具设备

玻璃缸、葡萄酒瓶、漏勺、搅拌器和不锈钢盆等。

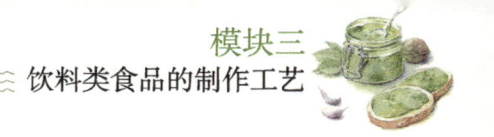

二、材料及配方

葡萄 5 千克、白砂糖 0.625 千克。

三、工艺流程

葡萄酒的制作流程如图 3-9 所示。

①玻璃缸洗净，高温杀菌、风干　②分选葡萄　③盐水浸泡 10 分钟

④葡萄破碎放入玻璃缸　⑤加入糖　⑥搅拌、溶解、发酵

⑦一天后加糖　⑧发酵　⑨两天后加糖

⑩压榨，提取上清液　⑪入瓶密封　⑫发酵一个半月

⑬成品

图 3-9　葡萄酒的制作流程

四、注意事项

（1）各类容器一定要清洗干净，葡萄在酿制过程中，不能碰到油污、铁器、铜器、锡器，但可以接触干净的不锈钢制品。

（2）发酵时，发酵器的盖子不要盖得太死，防止爆炸。

（3）糖要根据采购葡萄的成熟度适当加入，放得太多，影响发酵过程，产生不良的成分，如果想喝甜葡萄酒，可以在饮用时加糖。

（4）成串的葡萄在清洗前应该用剪刀沿葡萄蒂的根部小心剪下，形成一个整体，这样可以避免浸洗时生水进入葡萄，造成葡萄汁的成分受影响，导致酿酒失败。

五、成品评判指标

完全用葡萄为原料发酵而成，不添加任何酒精和香料，具有葡萄酒特有的浓郁风味。

实操案例三　百香金橘柠檬/百香多多的制作工艺

一、工具与设备

电子秤、手摇杯、刀、砧板和搅拌器等。

二、材料及配方

百香金橘柠檬：百香果50克、蜂蜜60克、冰水300克、柠檬4片、金橘2个。

百香多多：百香果50克、蜂蜜30克、冰水150克、养乐多130克。

三、工艺流程

（一）百香金橘柠檬的制作流程如图3-10所示。

① 百香果切开，果肉挖出 　② 柠檬切片 　③ 金橘对半切

④ 杯中加入柠檬片、金橘（金橘汁需挤入杯中） 　⑤ 将百香果汁液倒入杯中 　⑥ 倒入蜂蜜

图3-10　百香金橘柠檬的制作流程

⑦倒入冰水 　　　　　　　　　⑧搅拌均匀 　　　　　　　　　⑨成品

图 3-10　百香金橘柠檬的制作流程（续）

（二）百香多多的制作流程如图 3-11 所示。

①百香果洗净切开，将汁液倒入碗中备用 　　　　②取杯子，依次加入百香果汁液、蜂蜜、养乐多、冰块、冰水

③搅拌均匀 　　　　　　　　　④分装，成品

图 3-11　百香多多的制作流程

四、注意事项

材料需混合均匀。

五、成品评判指标

百香金橘柠檬、百香多多成品的特征是色泽鲜亮，有百香果、金橘和柠檬等水果酸甜的风味和口感。

知识小练

一、选择题

1. 下列不属于酒精饮料的是（　　）
   A. 鸡尾酒　　　　　　　　B. 配制酒
   C. 蒸馏酒　　　　　　　　D. 汽水

2. （　　）是指采用打浆工艺将水果或水果的可食用部分加工制成的未经发酵但能发酵的浆液，或在浓缩果浆中加入与果浆在浓缩时失去的天然水分等量的水制成的具有原水果果肉色泽、风味和可溶性固形物含量的制品。
   A. 果汁　　　　　　　　　B. 果浆
   C. 浓缩果汁　　　　　　　D. 果肉饮料

3. 果汁型碳酸饮料是指原果汁含量不低于（　　）的碳酸饮料。
   A. 2%　　　　　　　　　　B. 2.5%
   C. 3%　　　　　　　　　　D. 3.5%

二、判断题

1. 一次灌装法又称为现调式灌装法。　　　　　　　　　　　　　　（　　）
2. 饮用碳酸饮料会影响骨质。　　　　　　　　　　　　　　　　　（　　）
3. 茶饮料的制作工艺中最重要的工艺是萃取。　　　　　　　　　　（　　）
4. 果蔬汁冷榨法相对热榨法来说出汁率更高。　　　　　　　　　　（　　）

模块四
畜禽类食品的制作工艺

项目一　畜禽类食品基础知识的认知

畜禽类食品，也称为肉制品，是指以畜禽肉类为主要原料，经添加调味料制作的熟肉成品或半成品，包括香肠、火腿、培根、酱卤肉、烧烤肉、肉干、肉脯、肉丸、调理肉串、肉饼、腌腊肉和水晶肉等。

任务一　畜禽类食品的分类

畜禽类食品可分为腌腊肉制品、酱卤肉制品、熏烤肉制品、干制肉制品、油炸肉制品、灌肠肉制品和其他肉制品七大类。

一、腌腊肉制品

腌腊肉制品是指将畜禽肉经腌制、酱渍、晾晒（或不晾晒）和烘烤等工艺制成的肉制品，包括咸肉制品、腊肉制品、酱（封）肉制品和风干肉制品。其中酱（封）肉是咸肉和腊肉制作方法的延伸和发展。

（一）咸肉制品

咸肉制品是指将畜禽肉经腌制加工而成的生肉类制品，食用前需经熟加工。常见的咸肉制品主要有咸水鸭（见图4-1）、咸猪肉（见图4-2）、咸羊肉、腌鸡和咸牛肉等。

图 4-1　咸水鸭 　　　　　　　　　图 4-2　咸猪肉

（二）腊肉制品

腊肉制品是指将畜禽肉经腌制后，再经晾晒或烘焙等工艺制成的生肉类制品，食用前需经熟加工，熟加工后有腊香味。常见的腊肉制品主要有腊猪肉（见图4-3）、腊羊肉、腊牛肉、腊兔（见图4-4）、腊鸡、腊鸭、板鸭和鸭胗干等。

图 4-3　腊猪肉

图 4-4　腊兔

（三）酱（封）肉制品

酱（封）肉制品是指将畜禽肉用食盐、酱料（甜酱或酱油）腌制、酱渍后，再经风干或晒干、烘干和熏干等工艺制成的生肉类制品，食用前需经煮熟。煮熟后色棕红，有酱油味。常见的酱（封）肉类制品主要有北京清酱肉（见图4-5）、广东清酱封肉和杭州酱鸭（见图4-6）等。

图 4-5　北京清酱肉

图 4-6　杭州酱鸭

（四）风干肉制品

风干肉制品（见4-7）是指将畜禽肉经腌制、洗晒（某些产品无此工序）、晾挂和干燥等工艺制成的生的干肉类制品，食用前需经熟加工。常见的风干肉制品主要有风干猪肉、风干牛肉、风干羊肉、风干带毛鸡和云南风鸡等。

图 4-7　风干肉制品

二、酱卤肉制品

酱卤肉制品是指将畜禽肉加调料和香辛料，以水为加热介质，煮制而成的熟肉类制品。有白煮肉制品、酱卤肉制品和糟肉制品。其中白煮肉制品可以认为是酱卤肉未经酱制或卤制的一个特例；糟肉制品则是用酒糟（或陈年香糟）代替酱汁（或卤汁）的一类产品。

（一）白煮肉制品

白煮肉制品是指将畜禽肉经（或不经）腌制后，在水（或盐水）中煮制而成的熟肉类制品，一般在食用时再调味，产品保持固有的色泽和风味。著名的白煮肉制品主要有白切肉（见图4-8）、白切猪肚（见图4-9）、白切鸡等。

图4-8　白切肉

图4-9　白切猪肚

（二）酱卤肉制品

酱卤肉制品是指将畜禽肉放入水中，加食盐或酱油等调味料和香辛料一起，煮制而成的熟肉类制品。某些产品在酱制或卤制后，需再经烟熏等工序。产品的色泽和风味主要取决于所用的调味料和香辛料。著名的酱卤肉制品有苏州酱汁肉、卤肉、糖醋排骨、道口烧鸡（见图4-10）、蜜汁蹄髈（见图4-11）和德州扒鸡等。

图4-10　道口烧鸡

图4-11　蜜汁蹄髈

（三）糟肉制品

糟肉制品是指将畜禽肉在白煮后，再用"香糟"糟制的冷食熟肉类制品。产品能保持固有的色泽和曲酒香味。著名的糟肉制品主要有兰州糟肉（见图4-12）、糟鸡和醉糟鹅（见图4-13）等。

图 4-12　兰州糟肉

图 4-13　醉糟鹅

三、熏烤肉制品

熏烤肉制品是指将畜禽肉经腌、煮后，再以烟气、高温空气、明火或高温固体为介质干热加工制成的熟肉类制品，包括烟熏肉制品和烧烤肉制品。

（一）烟熏肉制品

烟熏肉制品是指将畜禽肉经煮制（或腌制）后，再经决定产品基本风味的烟熏工艺制成的熟（或生）肉类制品。著名的烟熏肉制品有培根（见图 4-14）、烟熏猪舌（见图 4-15）和熏鸡等。

图 4-14　培根

图 4-15　烟熏猪舌

（二）烧烤肉制品

烧烤肉制品是指将畜禽肉经配料、腌制，再经热气烘烤，或明火直接烧烤，或以盐、泥等固体为加热介质煨烤而制成的熟肉类制品。著名的烧烤肉制品有北京烤鸭（见图 4-16）、广州脆皮乳猪（见图 4-17）、扒鸡、常熟叫花鸡、江东盐焗鸡和叉烧肉等。

图 4-16　北京烤鸭

图 4-17　广州脆皮乳猪

四、干制肉制品

干制肉制品是指将畜禽肉先经熟加工，再成型干燥，最后经熟加工制成的干的熟肉类制品，主要包括肉松、肉干和肉脯。可直接食用，成品为小的片状、条状、粒状、絮状和团粒状。

（一）肉松

肉松（见图 4-18）是指瘦肉经煮制、撇油、调味、收汤、炒松和干燥等工艺制成的，肌肉纤维蓬松成絮状或团粒状的肉制品，包括油酥肉松和肉松粉等。

图 4-18　肉松

1. 油酥肉松

油酥肉松是指将瘦肉经煮制、撇油、调味、收汤、炒松，再加入食用油脂炒制而成的肌肉纤维断碎成团粒状的肉制品。著名的油酥肉松有福建肉松等。

2. 肉松粉

肉松粉是指将瘦肉经煮制、撇油、调味、收汤、炒松，再加入食用油脂和谷物粉炒制而成的团粒状、粉状的肉制品。谷物粉的量不超过成品重的 20%。油酥肉松与肉松粉的主要区别在于后者添加了较多的谷物粉，故动物蛋白的含量低。

（二）肉干

肉干是指将瘦肉经预煮、切片（条、丁）调味、复煮、收汤和干燥等工艺制成的干的熟肉类制品，包括牛肉干（见图 4-19）和猪肉干等。

图 4-19　牛肉干

（三）肉脯

肉脯是指将瘦肉经切片（或绞碎）、调味、腌制、摊筛、烘干和烧制等工艺制成的薄片型的肉制品。著名的肉脯有靖江猪肉脯（见图4-20）等。

图4-20　靖江猪肉脯

五、油炸肉制品

油炸肉制品是指将经过加工调味或挂糊后的原料肉，以食用油为加热介质，经高温炸制（或浇淋）而成的熟肉类制品。典型的油炸肉制品有上海狮子头、炸猪皮、油淋鸡（见图4-21）和炸乳鸽（见图4-22）等。

图4-21　油淋鸡 　　　　图4-22　炸乳鸽

六、灌肠肉制品

（一）腊肠制品

腊肠制品是指以猪肉为主要原料，经切碎或绞碎成肉丁，用食盐、（亚）硝酸盐、白糖、曲酒和酱油等辅料腌制后，充填入可食性肠衣中，经晾晒、风干或烘烤等工艺制成的肠衣类肉制品。食用前经过熟加工，熟加工后具有酒香、糖香和腊香。著名的腊肠制品有广东皇上皇腊肠（见图4-23）、喜上喜腊肠、上海腊肠、四川香肠、济南南肠、枣肠、香肚和正阳楼风肠（见图4-24）等。

图4-23 皇上皇腊肠

图4-24 正阳楼风肠

(二) 发酵肠制品

发酵肠制品是指以牛肉或猪肉为主要原料,经过绞碎或粗斩成颗粒,用食盐、(亚)硝酸盐和糖等辅料腌制,并经自然发酵或人工接种,充填入可食用肠衣内,再经烟熏、干燥和长期发酵等工艺制成的生肠类肉制品,可直接食用。著名的发酵肠制品有萨拉米香肠(见图4-25)和图林根香肠(见图4-26)等。

图4-25 萨拉米香肠

图4-26 图林根香肠

(三) 熏煮肠制品

熏煮肠制品是指以畜禽肉为主要原料,经切碎、腌制(或不腌制)、细绞(或粗绞),加入辅料搅拌(或斩拌),充填入肠衣内,再经烘烤、熏煮、烟熏(或不烟熏)和冷却等工艺制成的熟肠类肉制品。熏煮肠制品包括不经乳化的绞肉香肠;干淀粉添加量不超过肉重的10%的一般香肠;乳化香肠和以乳化肉馅为基础,添加瘦肉块、肥肉丁、豌豆和蘑菇等块状物生产的不同品种的乳化型香肠。著名的熏煮肠制品有茶肠(见图4-27)、波洛尼亚香肠、啤酒肠、法兰克福香肠(见图4-28)、天津火腿肠、北京大腊肠和哈尔滨红肠等。

图4-27 茶肠

图4-28 法兰克福香肠

（四）肉粉肠制品

肉粉肠制品是指以淀粉、肉为主要原料，肉块经腌制（或不腌制），绞切成块或糜，添加淀粉及各种辅料，充填入肠衣或肚皮中，再经烘烤、蒸熏和烟熏等工序制成的一类熟肠类肉制品。著名的肉粉肠制品有北京蒜肠（见图4-29）、小肚和天津粉肠（见图4-30）等。

图4-29　北京蒜肠

图4-30　天津粉肠

（五）其他肠制品

其他肠制品是指除腊肠、发酵肠、熏煮肠和肉粉肠等以外的肠类肉制品，如生鲜香肠、肝肠和水晶肠（见图4-31）等。

图4-31　水晶肠

七、其他肉制品

（一）肉糕类制品

肉糕类制品是指以肉为主要原料，经绞碎、切碎或斩拌，以洋葱、大蒜、西红柿和蘑菇等蔬菜为配料，并添加各种辅料混合在一起，装入模子后，经蒸制或烧烤等工艺制成的熟食肉制品。著名的肉糕类制品有肝泥糕（见图4-32）和血泥糕等。

图4-32　肝泥糕

（二）肉冻类制品

肉冻类制品是指以肉为主要原料，经调味煮熟后充填入模具中（或添加各种经调味、煮熟后的蔬菜），以食用明胶作为黏结剂，经冷却后制成的半透明的凝冻状熟肉制品，适合冷食。著名的肉冻类制品有肉皮冻、水晶肠、肉冻糕（见图4-33）和猪头肉冻等。

图4-33　肉冻糕

任务二 火腿制品的认知

火腿制品是指将大块肉经腌制加工而成的肉制品,包括传统火腿类、发酵火腿类、熏煮火腿类和压缩火腿类等。

一、传统火腿类

传统火腿类是指将带骨、皮、爪尖的整只猪后腿,经腌制、洗晒、风干和长期发酵、整型等工艺制成的中国传统的生腿制品,食用前应熟加工。著名的传统火腿类有金华火腿、如皋火腿(见图4-34)和宣威火腿(见图4-35)等。

图4-34 如皋火腿　　　　　图4-35 宣威火腿

二、发酵火腿类

发酵火腿类是指将带骨、皮(或去皮、去骨)的猪腿肉,经腌制、处理和长期发酵、成熟而成的生肉制品,著名的发酵火腿类有意大利的帕尔马火腿(见图4-36)等。

图4-36 帕尔马火腿

三、熏煮火腿类

熏煮火腿类是指将大块肉经整形修割(剔去骨、皮、脂肪和结缔组织,或部分去除)、腌制(可注射盐水)、嫩化、滚揉、捆扎(或充填入粗直径的肠衣、模具中)后,再经蒸煮、烟熏(或不烟熏)和冷却等工艺制成的熟肉制品。著名的熏煮火腿类有盐水火腿、方腿(见图4-37)、熏圆火腿(见图4-38)和庄园火腿等。

图 4-37　方腿

图 4-38　熏圆火腿

四、压缩火腿类

压缩火腿类是指以猪肉及其他畜禽肉（牛、羊、马）的小肉块（≥20 克/块）为原料，并加入兔肉和鱼肉等芡肉，经腌制、充填入肠衣或模具中，再经蒸煮、烟熏（或不烟熏）和冷却等工艺制成的熟肉制品。

项目二　常见肉制品的制作

任务一　腊肠的制作

腊肠（见图 4-39）俗称香肠，是我国肉制品中品种最多的一大类产品。腊肠是指以畜禽肉类为原料，经切碎或绞碎成丁，配以食盐、硝酸盐、白糖、曲酒和酱油等辅料，灌入动物肠衣，经晾晒、风干或烘烤等制作而成的生干肠制品，食用前需经熟加工。广式腊肠是其典型代表。

图 4-39　腊肠

一、腊肠的配料

各地方的配料有所不同，以广式腊肠的配料为例：瘦肉 70 千克、肥肉 30 千克、精盐 2.2 千克、砂糖 7.6 千克、白酒 2.5 千克、白酱油 5 千克、硝酸钠 0.05 千克。

二、腊肠的制作工艺流程

原料的选择和修整→切丁→拌馅、腌制→灌制→漂洗、晾晒和烘烤→成品。

（一）原料的选择和修整

腊肠的原料要选择健康无病的新鲜猪肉，瘦肉以腿肉和臀肉为最好，肥膘以背部硬膘为好，腿膘次之。加工其他肉制品切割下来的碎肉也可作为腊肠的原料。原料肉需要先经过修整，去掉筋、腱、骨和皮。

（二）切丁

瘦肉用绞肉机切成 4～10 毫米的肉粒，肥肉用切丁机或手工切成 6～10 毫米的肉丁。肥肉切好后要用温水清洗一次，以除去浮油和杂质，捞入筛内，沥干水分待用。肥瘦肉应分开存放。

（三）拌馅、腌制

将肉粒和配料混合均匀，放在清洁室内腌制 1～2 小时，当瘦肉变为内外一致的鲜红色，用手触摸有坚实感、滑腻感时，即完成腌制。此时加入白酒，即可进行灌制。

（四）灌制

天然肠衣先用清水浸泡至柔软，洗去盐分后备用。每 100 千克肉馅约需猪小肠衣 50 米。将肠衣套在灌嘴上，使肉馅均匀地灌入肠衣中，要掌握松紧程度，不能过紧或过松。灌制过程中要注意用排气针扎刺肠衣，排除内部空气。要求每隔 10～20 厘米用细线结扎 1 次，不同规格腊肠，结扎长度不同。

（五）漂洗、晾晒和烘烤

将腊肠用清水漂洗一下，除去表面污物，然后依次挂在竹竿上。将挂好的腊肠放在日光下曝晒 2～3 天，在日晒过程中有胀气处应针刺排气。晚间送入烘房内烘烤，温度保持在 42～49 ℃。温度过高脂肪易熔化，同时瘦肉也会烤熟，这不仅降低了成品率，而且色泽也会变暗；温度过低又难以干燥，易引起发酵变质。因此必须注意控制温度。一般通过 3 昼夜的烘晒即可，然后再晾挂到通风良好的场所，风干 10～15 天，即为成品。腊肠在 10 ℃以下可保存 1 个月以上，也可悬挂在通风干燥的地方来保存。

任务二　酱汁肉的制作

酱汁肉的制作是以酱制为基础，加入红曲米使制品具有鲜艳的樱桃红色。酱汁肉制品的色泽鲜艳喜人，口味咸中有甜。苏州酱汁肉（见图 4-40）是酱汁肉制品的典型代表，已有上百年的历史。成品为小方块，色泽鲜艳呈樱桃红色，肉质酥润，酱香浓郁。

图 4-40　苏州酱汁肉

一、酱汁肉的配料

猪肋条肉 50 千克、白糖 2.5 千克、精盐 1.5～1.75 千克、桂皮 0.1 千克、绍酒 2.0～2.5

千克、八角 0.1 千克、红曲米 0.6 千克、姜 0.1 千克、葱（捆成束）2.0 千克。

二、酱汁肉的制作工艺流程

选料→煮制→酱制→制卤→成品。

（一）选料

选用能出净肉 35～40 千克的猪的整块肋条肉为原料，切成 4 厘米的方块，每千克切成 20 块。肉块切好后，把五花肉、硬膘分开。

（二）煮制

将原料肉先在清水中白煮，五花肉煮 10 分钟，硬膘煮 15 分钟。捞起后用清水洗净。然后在锅底放上骨头，上面依次放上猪头肉、香料袋、五花肉和硬膘，最后倒入肉汤，用大火煮制 1 小时。

（三）酱制

当锅内白汤沸腾时加入红曲米、绍酒和占总量 4/5 的白糖，再用中火焖煮 40 分钟。当肉呈深樱桃红色、汤将干、肉已酥烂时即可出锅放于搪瓷盘内，不能堆叠。

（四）制卤

酱汁肉的质量关键是制卤，好的卤汁应黏稠、细腻，可使肉色鲜艳，又可使产品以甜为主、甜中带咸。卤汁的制法是将留在锅内的酱汁再加入剩余的占总量 1/5 的白糖，用小火煎熬，并不断搅拌，防止烧焦和凝块，待汤汁逐渐成浓稠状即为卤汁。制好的卤汁应放在带盖的容器中，食用时应在肉上浇上卤汁。

任务三　叉烧肉的制作

熏烤肉制品具有特殊的烟熏味，呈棕褐色，肉色鲜艳，表面干燥，味道适中，耐藏性好。熏烤肉制品种类繁多，比较著名的有熏鸡、烤鸭（鹅）、烤鸡、烤乳猪、叉烧肉等。其中广东叉烧肉（见图 4-41）是熏烤肉制品的典型代表，叉烧肉的产品特点是色泽红亮、鲜香可口。

一、叉烧肉配料

猪肉 50 千克、白糖 3.5 千克、酱油 2 千克、盐 1 千克、白酒 1 千克、麦芽糖 2.5 千克、玉米油 0.9 千克。

二、叉烧肉的制作工艺流程

选料及整理→腌制→烤制→成品。

图 4-41　广东叉烧肉

（一）选料及整理

选用猪腿肉或肋部肉，将肉洗净并沥干水，去皮去骨，切成长 40 厘米、宽 4 厘米、厚 1.5 厘米、重约 350 克的条形肉，切好后用清水洗净，沥干水分。

（二）腌制

将肉条放入容器内，与酱油、白糖、盐等调味料混合均匀，腌制 1 小时，每隔 20 分钟翻拌 1 次，然后加入酒和玉米油，再混合均匀，使调味料均匀渗入肉内。

（三）烤制

一般用木材烧烤，把炉温升高至 180～220 ℃。将腌好的肉用铁叉穿好放入炉中烤 15 分钟，不断转动铁叉，烤 40 分钟后，制品呈酱红色即可出炉。烤肉出炉后稍微冷却，然后浸在麦芽糖的溶液中，取出后再放入烤炉中烤制 3 分钟左右即为成品。

任务四　肉松的制作

太仓肉松（见图 4-42）是干制肉制品的代表，是指用鲜猪肉经过高温煮透并经脱水加工而成的猪肉干制品。产品金黄色，有光泽，呈絮状。

一、肉松的配料

猪肉 50 千克、精盐 0.835 千克、酱油 3.5 千克、白糖 5 千克、白酒 0.5 千克、大茴香 0.15 千克、生姜 0.14 千克、味精 0.085 千克。

二、肉松的制作工艺流程

原料的选择与处理→煮制→炒压→成熟→成品。

图 4-42 太仓肉松

（一）原料的选择与处理

选用猪前（或后）腿肉，先剔骨去皮，去掉脂肪及伤斑，再将猪瘦肉切成约 3~4 厘米的肉块。

（二）煮制

配方中的香料装入纱布袋，将肉块、生姜、香料袋放在锅中，加水，用大火煮沸，撇去油沫，翻动肉块，继续煮烧，到肉烂、汤煮干时取出生姜和香料袋，即可炒压，注意煮沸后要撇去油沫，肉不宜煮得过烂。

（三）炒压

肉块煮烂后，将火力改为中火，加入盐、酱油、酒等调味料，用锅铲一边压散肉块，一边翻炒，然后再加入白糖、味精。

（四）成熟

用小火边炒边翻动肉块，当肉块炒松、炒干，肉纤维由棕色变为金黄色时，即为成品。

任务五　红肠的制作

红肠是一种原产于立陶宛，用猪肉和淀粉等材料加工制作的香肠。20 世纪初，红肠进入哈尔滨，现已成为哈尔滨特产的代表。哈尔滨红肠（见图 4-43）外观呈枣红色，肠体干燥，肠衣表面有均匀皱纹，具有烟熏味和大蒜的香味。

一、红肠的配料

猪肉 100 千克、淀粉 7 千克、食盐 4 千克、味精和胡椒各 0.1 千克、大蒜 0.5 千克、硝酸钠 0.025 千克。

二、红肠的制作工艺流程

原料选择与处理→腌制→制馅→灌制→烘烤→煮制→烟熏→成品。

图 4-43 哈尔滨红肠

（一）原料选择与处理

红肠选用健康猪的纯瘦肉和肥膘，瘦肉切块，肥膘切丁。肠衣选用猪、牛、羊肠均可。将原料肉经剔骨、去除淋巴和筋腱等操作后，按生产需要进行切块。瘦肉要按照肌肉组织的自然块分开，顺肌纤维方向切成 100～150 克的小肉块。脂肪一般切成 5～7 厘米长条。

（二）腌制

腌制可以提高肉的保水性、黏着性，并使肉色鲜亮。瘦肉和脂肪要分开腌制，瘦肉使用食盐和硝酸盐，脂肪只加食盐。把瘦肉放在 0～4 ℃ 的冷库内腌制约 12 小时。

（三）制馅

拌馅时，将腌好的猪瘦肉用孔径为 5～7 毫米的绞肉机绞碎，脂肪一般切成 1 立方厘米的小块。先加入猪瘦肉和调味料，一定时间后再加入一定量的水继续拌制，最后加淀粉等其他辅料及肥膘一起混合均匀，制成肉馅。整个拌制时间约 6～10 分钟，搅拌至肉馅中没有明显脂肪颗粒，且脂肪块、调料、淀粉混合均匀，馅富有弹性和黏性即可。

（四）灌制

用灌肠机将制好的肉馅灌入直径约 3 厘米的肠衣中，注意灌制松紧要适当，每隔 18～20 厘米拧成一节，节间用细绳扎牢，每杆穿 10 对，两头用绳系紧。

（五）烘烤

将红肠放进烤箱内烘烤，烘烤温度为 70～80 ℃，烘烤时间按肠衣细粗分别为 25～30 分钟。烘烤标准以肠衣表面干燥光滑、无油流出、肠衣半透明、肉色红润为准。

（六）煮制

当锅内水温升到 95 ℃ 左右时将红肠下锅，水温保持在 85 ℃，待肠中心温度达到 74 ℃ 即可，一般煮制时间为 30～40 分钟。煮制时水温不能过高或过低，水温过高易将红肠煮破，脂肪熔化游离，水温太低则不易煮熟。

（七）烟熏

把红肠均匀地挂到熏炉内，间距适当，如相互紧靠则靠着的一面烟未熏到，会影响产品质量。一般采用梯形升温法，温度逐步由35 ℃上升到55 ℃，再上升到75 ℃，熏制时间为8～12小时。注意烟熏时温度不能升高太快，否则肠体容易爆裂。

任务六　火腿的制作

金华火腿（见图4-44）是我国著名的肉制品，风味独特，营养丰富，曾多次在我国和世界获奖。金华火腿的制作工艺流程：原料选择→鲜腿修整→腌腿→洗腿→整型→晒腿→上架发酵→落架堆叠→成品分级。

图4-44　金华火腿

一、原料选择

选择经兽医卫生检验合格的金华猪，屠宰后，前腿沿第二颈椎将前颈肉切除，在第三肋骨处将后端切下，将胸骨连同肋骨末端的软骨切下，形状为方形；后腿先在最后一节腰椎骨节处切开，然后沿大腿内斜向下切。

二、鲜腿修整

除去猪前、后腿上的残毛和脚蹄间的细毛，挤出血管内残留的淤血，削平耻骨，斩去脊骨，割去浮油和油膜，将猪腿修成"琵琶"形。

三、腌腿

腿腌制时应根据季节、气温等条件确定用盐量。在金华地区，每年的11月至次年的2月间，气温为3～8 ℃，是比较适宜腌制的温度，在此条件下，用盐量为鲜腿重量的9%～10%，分7次上盐，早冬和春节时还要加硝石。气温升高时，用盐量增加，但腌制期缩短。第一次上盐，撒盐应均匀，但不能过多，撒盐后平叠堆放12～14层。经24小时后上第二次盐，这次用盐量约占总盐量的一半，重点在腰间骨、耻骨关节、大腿上部三个部位多撒盐。经4～5天后上第三次盐，同时将堆码的上下层倒换。再经5～6天后上第四次盐，用盐量为总盐量的5%左右。此时可以检查腌制的效果，用手按压肉面，有充实坚硬的感觉，说明已经腌透。第五、六次上盐分别间隔7天左右，火腿的颜色变为红色。经六次上盐后，较小的腿可进入洗腿工序，较大的腿可进行第七次上盐。腌制的总时间为30～35天。

四、洗腿

腌制结束后将火腿放在清水池中浸泡，然后用清水洗去火腿表面的血水和油污。洗后晾晒至表面无水后，打印商标。

五、整型

将腿骨校直，脚爪校成弯曲状，皮面压平，腿头与脚对直，使其外型美观。

六、晒腿

将整型好的火腿吊挂，曝晒4～5天，使腿皮呈黄色、油亮，并产生香味。

七、上架发酵

发酵的目的是使肉中的蛋白质及脂肪发生变化，使火腿产生独特的风味。发酵时间为4～5个月，发酵期应注意调节温度、湿度，保证通风。在发酵过程中，用刀将突出的骨头削平，将火腿表面修割整齐，保证其外型美观。

八、落架堆叠

将发酵好的火腿从架上取下，进行堆叠。一般为15层，堆时肉面向上，皮面朝下，要根据气温不同，定期倒堆一次。

九、成品分级

根据金华火腿的颜色、气味、咸度、肌肉丰满度、重量和外形等进行分级，一般分为四级，其中香味是很重要的指标。评定时用竹签插入火腿不同部位，嗅竹签带出的香味进行分级。

实操案例

实操案例一　泡椒凤爪的制作工艺

视频讲解

一、工具与设备

菜刀、砧板、不锈钢盆、玻璃缸、冰箱、电磁炉、搅拌器、漏勺、真空包装机和紫外灯等。

二、材料及配方

原料：冰冻鸡爪 1 000 克、白萝卜 1 根、生姜 100 克、蒜末 50 克、红萝卜半根。

泡椒水：水 1 500 毫升、食醋 400 毫升、食盐 110 克、味精 15 克、辣椒 20 克、泡椒（连泡椒水）250 克、花椒 10 克、白砂糖 30 克。

三、制作流程

（一）原料处理

泡椒凤爪原料处理的流程如图 4-45 所示。

①鸡爪、白萝卜、红萝卜、生姜、蒜洗净切好备用

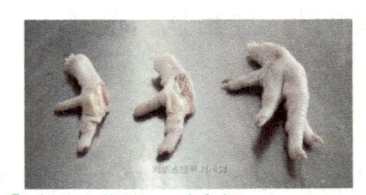

②鸡爪去指甲，对半切

图 4-45　泡椒凤爪原料处理的流程

（二）鸡爪熟化

泡椒凤爪鸡爪熟化的流程如图 4-46 所示。

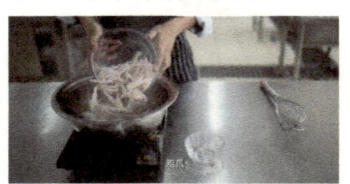

①将水煮开，加入生姜、鸡爪，将鸡爪彻底煮熟

②用冷水漂 20 分钟备用

图 4-46　泡椒凤爪鸡爪熟化的流程

（三）泡椒水的煮制

泡椒凤爪泡椒水的煮制流程如图 4-47 所示。

①将水烧开

②加入泡椒、食醋、食盐、味精、辣椒、花椒、白砂糖，煮开，冷却备用

图 4-47　泡椒凤爪泡椒水的煮制流程

（四）鸡爪的泡制

泡椒凤爪鸡爪的泡制流程如图 4-48 所示。

① 将鸡爪放入泡椒水 　　　　　　② 将萝卜条、姜片、蒜末放入盆中

③ 裹上保鲜膜，放入冰箱浸泡 1～2 天 　　　　　　④ 真空密封，成品

图 4-48　泡椒凤爪鸡爪的泡制流程

四、注意事项

（1）鸡爪熟化必须要彻底。
（2）熟化完应立即用冷水漂凉，口感才更有弹性。
（3）必须等泡椒水冷却后再浸泡鸡爪。

五、成品评判标准

泡椒凤爪成品的特征是色泽鲜亮、有泡椒凤爪酸辣可口的口感和香味。

实操案例二　香菇肉粽的制作工艺

视频讲解

一、工具与设备

电磁炉、刀、不锈钢盆、锅铲和高压锅等。

二、材料及配方

糯米 1 000 克、香菇 30 朵、鹌鹑蛋 30 颗、三层肉 300 克、粽叶 30 张、酱油 150 克（炒糯米用）、味精、植物油、十三香、葱头油、料酒、香料包、白糖、花椒。

食品工艺

三、制作流程

（一）前处理

香菇肉粽的前处理流程如图4-49所示。

① 糯米提前浸泡一个晚上
② 粽叶浸泡清洗（软化）
③ 香菇浸泡

图4-49 香菇肉粽的前处理流程

（二）三层肉、鹌鹑蛋的卤制

香菇肉粽三层肉、鹌鹑蛋的卤制流程如图4-50所示。

① 猪肉切块
② 进行炒制，加酱油、味精、料酒、白糖、香料包，花椒卤制备用，鹌鹑蛋同法卤制备用

图4-50 香菇肉粽三层肉、鹌鹑蛋的卤制流程

（三）糯米的炒制

香菇肉粽糯米的炒制流程如图4-51所示。

① 锅中放入葱头油
② 进行炒米
③ 翻炒后加入酱油
④ 冷却备用

图4-51 香菇肉粽糯米的炒制流程

(四)香菇肉粽的绑制和加工

香菇肉粽的绑制和加工流程如图 4-52 所示。

①粽叶水沥干　②填料，加糯米、卤肉、香菇和鹌鹑蛋　③绑制

④高压熟化　⑤成品

图 4-52　香菇肉粽的绑制和加工流程

四、注意事项

（1）炒米要彻底熟化。
（2）三层肉和鹌鹑蛋的卤制时间要长，才能入味。
（3）粽子的填料要扎实，绑制要牢固。

五、成品评判标准

香菇肉粽成品的特征是规格和形状一致、美观大方、馅料适中、口感丰富、营养均衡。

实操案例三 香菇贡丸的制作工艺

视频讲解

一、工具与设备

刀、砧板、不锈钢盆、绞肉机、打浆机、搅拌机和电磁炉等。

二、材料及配方

主材料：后腿肉 700 克、肥肉 300 克。
辅料：玉米淀粉 80 克、复合磷酸盐 3 克、食盐 17.5 克、冰块 62.5 克。

食品工艺

调味料：白砂糖 15 克、味精 6.25 克、胡椒粉 10 克、蒜头 10 克、香菇 10 朵。

三、制作流程

香菇贡丸的制作流程如图 4-53 所示。

①将后腿肉、肥肉切成 3~5 厘米的肉块，冷冻起来

②香菇泡水切末、蒜头切末备用

③肥肉用绞肉机细化

④后腿肉用绞肉机细化

⑤将后腿肉、冰块、复合磷酸盐、食盐混合，用打浆机打浆 20 秒

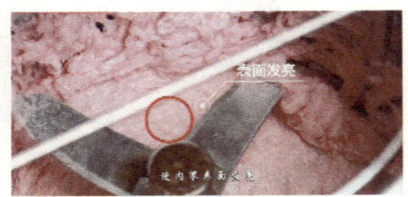

⑥使肉浆表面发亮、蛋白质溶出较好

⑦加入肥肉、玉米淀粉，用打浆机打浆 20 秒

⑧加入香菇末、蒜末、味精、胡椒粉、白糖，用搅拌机搅拌 20 秒

⑨成型

⑩加热至 80~85 ℃，杀菌 10~15 分钟

⑪放入水中冷却，使其更有弹性

⑫成品

图 4-53 香菇贡丸的制作流程

四、注意事项

（1）制作过程注意卫生。
（2）混合均匀。
（3）杀菌时间要足够。

五、成品评判标准

香菇贡丸成品的特征是规格和形状一致、肉丸紧实、馅料适中、口感有嚼劲、营养均衡。

香酥肉松/蜜汁肉脯/沙爹肉干的制作工艺

实操案例四

一、工具与设备

香酥肉松：高压锅、电磁炉、圆簸箕、木勺、烤箱/炒松机、炒锅和电子秤等。
蜜汁肉脯：刀、砧板、不锈钢盆、烤箱、烤盘、烤架和擀面杖等。
沙爹肉干：刀、锅、勺、烤箱和烤盘等。

二、材料及配方

香酥肉松：猪腿肉500克、大豆油15克、酱油60克、糖110克、料酒30克、芝麻少许、八角少许、姜片少许。

蜜汁肉脯：猪瘦肉500克、生抽55克、细砂糖60克、鸡蛋清50克、料酒10克、蜂蜜水（蜂蜜30克+水30克）、黑胡椒粉10克、芝麻少许。

沙爹肉干：牛肉500克、酱油约5瓶盖、白砂糖2勺、五香粉1勺、辣椒粉半勺、咖喱粉半勺、芝麻少许。

三、制作流程

（一）香酥肉松的制作

香酥肉松的制作流程如图4-54所示。

①放入姜片，将2厘米厚的肉片用高压锅大火煮20分钟，沥干
②将肉放在圆簸箕上搓丝，用木勺进行压搓 
③调味：加入料酒、油、白糖、酱油，搅拌均匀 
④用小火将搓丝的肉丝炒到微干 
⑤分三次倒入调好的酱汁，搅拌均匀 
⑥翻炒至肉丝与酱料混合 

图4-54 香酥肉松的制作流程

食品工艺

⑦加入芝麻拌匀到微干 　　⑧将调好的肉丝均匀摊在烤盘上 　　⑨放入烤箱烘烤（上、下火150℃）

⑩每隔5分钟翻一次，直至肉松酥脆即可 　　⑪成品

图4-54　香酥肉松的制作流程（续）

（二）蜜汁肉脯的制作流程

准备原料
↓
把洗净的猪肉剁成肉糜
↓
将剁好的猪肉、细砂糖、生抽、黑胡椒粉、白酒全部倒入大碗
↓
用筷子快速往同一个方向搅拌均匀
↓
慢慢倒入打散的鸡蛋
↓
搅拌至肉起黏性
↓
将肉糜装入保鲜袋
↓
用擀面杖把肉糜擀成厚薄均匀的薄片
↓
冷冻至肉片硬化
↓
将冻硬的猪肉片剪成大小均一的正方形
↓
将肉片放烤架上

项目二　常见肉制品的制作

174

↓

撕掉保鲜袋

↓

在肉脯表面刷一层蜂蜜水

↓

上、下火 180 ℃烘烤 8 分钟

↓

再刷一层蜂蜜水

↓

上、下火 180 ℃再烘烤 5 分钟

↓

翻面刷一层蜂蜜水

↓

上、下火 180 ℃再烘烤 8 分钟

↓

取出冷却

↓

真空包装

↓

灭菌

↓

成品

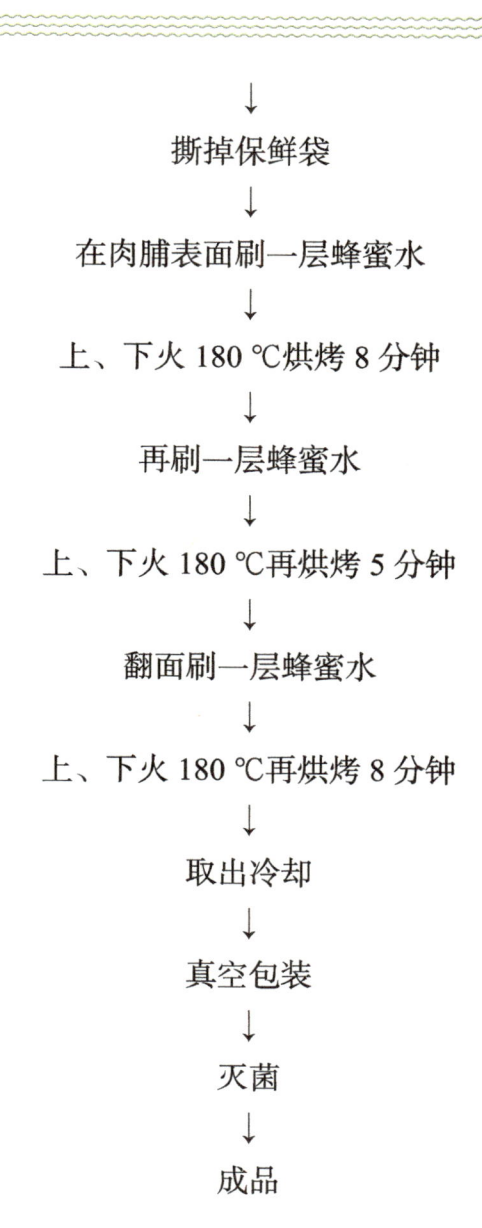

（三）沙爹肉干的制作流程

（1）牛肉切成 3～5 毫米的薄片。

（2）锅内放入足够的水，将切好的牛肉煮沸后撇去浮沫。

（3）加入料酒（2 瓶盖左右）、葱 1 根、姜 5 片，锅加盖中火煮约 30 分钟。

（4）煮至肉片比较容易咬动时捞出肉片。

（5）配调料汁：将酱油、细砂糖、咖喱粉、辣椒粉、五香粉放在碗里调匀。

（6）将肉片和调料一起倒入一个食品袋混匀，尽量挤净空气，扎紧，放冰箱冷藏腌制至少 1 小时左右。

（7）将腌制好的肉片及调料汁一起倒入锅中，小火炒至汤汁收干，注意不要过火。

（8）最后放烤箱烤干。

四、注意事项

（一）香酥肉松

（1）用不粘锅小火慢炒。
（2）多揉搓，不停翻炒，一直炒到肉松呈现干爽蓬松的状态。

（二）蜜汁肉脯

（1）做肉糜时不要放蜂蜜，蜂蜜最后刷在肉片上。
（2）肉片烘烤时要注意翻面，不要烤至焦煳。

（三）沙爹肉干

（1）煮牛肉时要撇去浮沫，肉片不要煮太老。
（2）腌制肉片的时候要注意把调料均匀地覆盖在肉片上，并且要把食品袋里的空气挤出、扎紧。

五、成品评判指标

香酥肉松成品的特征是肉松颜色呈棕黄色、色泽鲜亮、呈现干爽蓬松的状态和散发出浓郁的肉香味。

蜜汁肉脯/沙爹肉干成品的特征是肉片呈红棕色、色泽鲜亮、口感有嚼劲和营养均衡。

实操案例五　烤鸭的制作工艺

一、工具与设备

远红外线烤箱、刀、不锈钢盆、砧板和剪刀等。

二、材料及配方

田鸭 2~3 千克、桂皮适量、生抽适量、白砂糖适量、生姜适量、大蒜头适量、花椒适量、料酒适量、蜂蜜适量、八角适量、茴香适量。

三、制作流程

选鸭
↓
屠宰

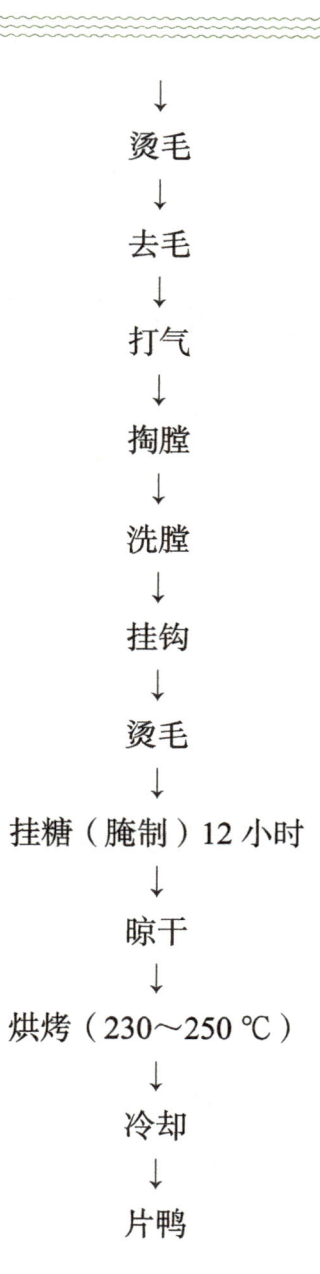

↓
烫毛
↓
去毛
↓
打气
↓
掏膛
↓
洗膛
↓
挂钩
↓
烫毛
↓
挂糖（腌制）12 小时
↓
晾干
↓
烘烤（230～250 ℃）
↓
冷却
↓
片鸭

四、注意事项

（1）烫毛时，均匀翻转鸭身，不可局部受热过头、掉皮。
（2）避免局部褪毛不干净。
（3）腌制时间应到位，才能入味。
（4）烘烤过程中温度要稳定。

五、成品评判指标

北京烤鸭成品的特征是表面呈焦黄色、色泽鲜亮和外焦里嫩。

项目三 常见乳制品的制作

任务一 乳制品的认知

乳制品，也称为奶制品，是指使用牛乳（见图4-55）或羊乳及其加工制品为主要原料，加入或不加入适量的维生素、矿物质和其他辅料，使用法律法规及标准规定所要求的条件，经加工制成的各种食品。

图4-55 牛乳

一、牛乳组成

鲜牛乳是最古老的天然饮料之一，被誉为白色血液，主要是由水、脂肪、蛋白质、乳糖、矿物质和维生素等组成的一种复杂乳胶体。牛乳组成如图4-56所示，其中水分含量占86%～90%，其他几种主要营养素的组成和含量如下所述。

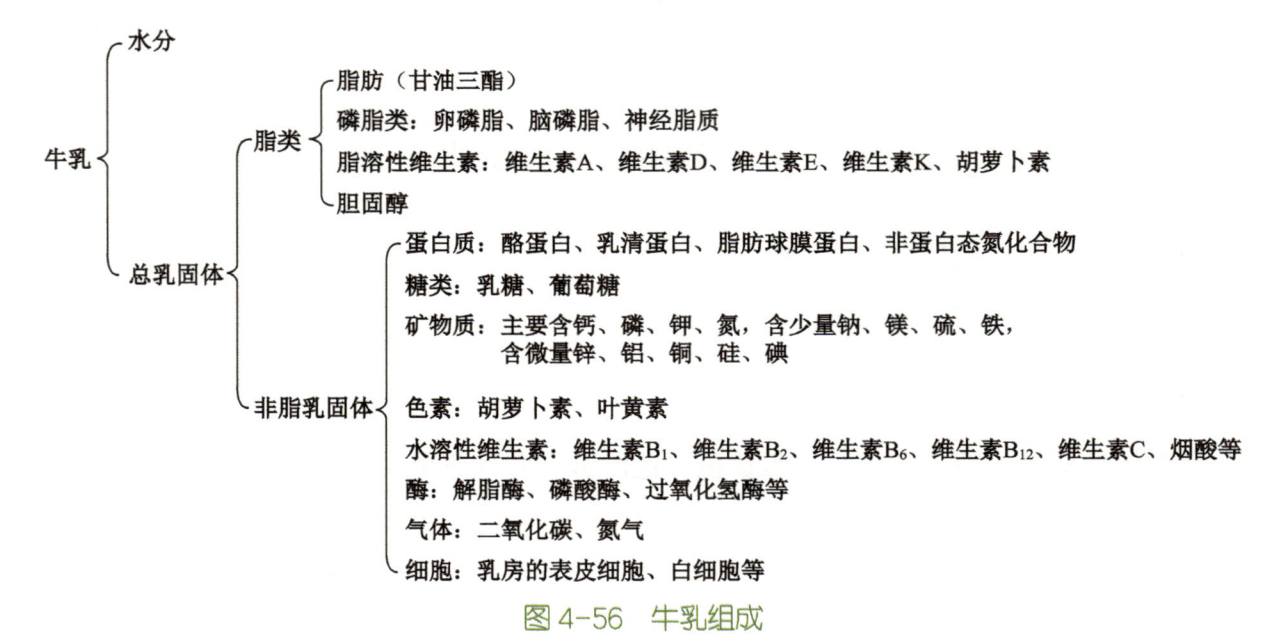

牛乳
- 水分
- 总乳固体
  - 脂类
    - 脂肪（甘油三酯）
    - 磷脂类：卵磷脂、脑磷脂、神经脂质
    - 脂溶性维生素：维生素A、维生素D、维生素E、维生素K、胡萝卜素
    - 胆固醇
  - 非脂乳固体
    - 蛋白质：酪蛋白、乳清蛋白、脂肪球膜蛋白、非蛋白态氮化合物
    - 糖类：乳糖、葡萄糖
    - 矿物质：主要含钙、磷、钾、氮，含少量钠、镁、硫、铁，含微量锌、铝、铜、硅、碘
    - 色素：胡萝卜素、叶黄素
    - 水溶性维生素：维生素B_1、维生素B_2、维生素B_6、维生素B_{12}、维生素C、烟酸等
    - 酶：解脂酶、磷酸酶、过氧化氢酶等
    - 气体：二氧化碳、氮气
    - 细胞：乳房的表皮细胞、白细胞等

图4-56 牛乳组成

1. 蛋白质

牛乳中蛋白质含量为 2.8%～3.3%，主要由 79.6% 的酪蛋白、11.5% 的乳清（白）蛋白和 3.3% 的乳球蛋白组成，另有少量的其他蛋白质，如免疫球蛋白和酶等。酪蛋白是一种耐热蛋白质，可在酸性条件下沉淀，酸奶和奶酪即是以这个原理制成的。在牛乳中酪蛋白与钙、磷结合，形成酪蛋白胶粒，并以胶体悬浮液的状态存在于牛乳中。乳清蛋白加热时会发生凝固并沉淀。牛乳蛋白质消化吸收率为 87%～89%，生物学价值为 85，属优质蛋白质。

2. 脂肪

牛乳中的脂肪含量约为 2.8%～4.0%，以微粒状的脂肪球分散在乳液中，呈很好的乳化状态，容易消化吸收，吸收率高达 97%。牛乳中的脂类主要以甘油三酯为主，还有少量磷脂和胆固醇。牛乳脂肪中脂肪酸组成复杂，油酸占 30%，亚油酸和亚麻酸分别占 5.3% 和 2.1%，短链脂肪酸（如丁酸、乙酸和辛酸）含量较高，约为 9%，是其具有良好风味及易于消化的原因。

3. 碳水化合物

牛乳中的碳水化合物主要为乳糖，含量约为 3.4%～5.4%。乳糖在肠道中能促进钙、铁、锌等矿物质的吸收，提高其生物利用率；促进肠道乳酸细菌，特别是双歧杆菌的繁殖，改善人体微生态平衡，促进肠细菌合成 B 族维生素。有些人体内的乳糖酶活性很低，不能分解乳糖，乳糖在肠道内被肠道微生物分解发酵，产生胀气、腹泻等症状，称为乳糖不耐受症。这部分人群可以食用经乳糖酶处理的奶粉，或饮用酸奶。

4. 维生素

人体所需的各种维生素牛乳中几乎都有，其含量与饲养方式、季节和加工方式等有关。如放牧期牛乳中维生素 A、维生素 D、胡萝卜素和维生素 C 的含量较冬春季在棚内饲养期明显增多。牛乳中维生素 D 含量较低，但夏季日照多时，其含量有一定的增加。总的来说，牛乳是 B 族维生素的良好来源，可以提供相当数量的核黄素、维生素 B_{12}、维生素 A、维生素 B_6 和泛酸。

5. 矿物质

牛乳中矿物质含量约为 0.7%～0.75%，富含钙、磷、钾、硫、镁等常量元素及铜、锌、锰等微量元素。100 毫升牛乳中含钙 110 毫克，为人乳的 3 倍，且吸收率高，是钙的良好来源。牛乳中钙和磷的比值为 1.2 : 1。牛乳中的钾、镁元素含量也较丰富，有利于控制血压，并成为动物性食品中唯一的碱性食品。但其中铜、铁含量较低，必须从其他食物中获取。

6. 其他物质

牛乳中还有大量的生理活性物质，其中，较为重要的有乳铁蛋白、免疫球蛋白、生物活性肽、共轭亚油酸、酪酸、激素、生长因子和多种活性肽类等。生物活性肽是乳蛋白质在消化过程中经蛋白酶水解产生的，包括免疫调节肽和抗菌肽等。牛乳中的乳铁蛋白具有调节铁代谢、促生长和抗氧化等作用，经蛋白酶水解形成的肽片段具有一定的免疫调节作用。

二、乳制品的种类

乳制品包括液态乳、乳粉、炼乳、干酪和其他乳制品。

（一）液态乳

1. 杀菌乳

杀菌乳是指以生鲜牛（羊）乳为原料，经过巴氏杀菌处理制成的液态乳。经巴氏杀菌后，生鲜乳中的蛋白质及大部分维生素基本无损，但是没有杀死全部微生物，所以杀菌乳不能常温储存，需低温冷藏储存，保质期为2～15天。

2. 酸乳

酸乳是指以生鲜牛（羊）乳或复原乳为主要原料，添加或不添加辅料，使用保加利亚乳杆菌、嗜热链球菌等菌种发酵制成的液态乳。按照所用原料的不同，分为纯酸乳、调味酸乳和果料酸乳；按照脂肪含量的不同，分为全脂酸乳、部分脱脂酸乳和脱脂酸乳。

3. 灭菌乳

灭菌乳是指以生鲜牛（羊）乳或复原乳为主要原料，添加或不添加辅料，经灭菌制成的液态乳。由于生鲜乳中的微生物全部被杀死，灭菌乳不需冷藏，常温下保质期为1～8个月。

（二）乳粉

乳粉是指以生鲜牛（羊）乳为主要原料，添加或不添加辅料，经杀菌、浓缩和喷雾干燥制成的粉状乳制品。按脂肪含量、营养素含量和添加辅料的区别，分为全脂乳粉、低脂乳粉、脱脂乳粉、全脂加糖乳粉、调味乳粉和配方乳粉。

配方乳粉是指针对不同人群的营养需要，以生鲜乳或乳粉为主要原料，去除了乳中的某些营养物质或强化了某些营养物质（也可能二者兼而有之），经加工干燥而成的粉状乳制品。配方乳粉的种类包括婴儿、老年及其他特殊人群需要的乳粉。

（三）炼乳

炼乳是指以生鲜牛（羊）乳或复原乳为主要原料，添加或不添加辅料，经杀菌、浓缩制成的黏稠态乳制品。按照添加或不添加辅料，分为全脂淡炼乳、全脂加糖炼乳、调味/调制炼乳和配方炼乳。

（四）干酪

干酪是指以生鲜牛（羊）乳或脱脂乳、淡奶油为原料，经杀菌、添加发酵剂和凝乳酶，使蛋白质凝固，排出乳清制成的固态乳制品。

(五)其他乳制品

1. 干酪素

干酪素是指以脱脂牛（羊）乳为原料，用酶或盐酸、乳酸使所含酪蛋白凝固，然后将凝块过滤、洗涤、脱水和干燥而制成的乳制品。

2. 乳清粉

乳清粉是指以生产干酪、干酪素的副产品——乳清为原料，经杀菌、脱盐或不脱盐、浓缩、干燥制成的粉状乳制品。

3. 乳脂肪

乳脂肪是指以生鲜牛（羊）乳为原料，用离心分离法分出脂肪，此脂肪成分经杀菌、发酵（或不发酵）等加工过程，制成的黏稠状或质地柔软的固态乳制品。按脂肪含量不同，分为稀奶油、奶油和无水奶油。

4. 复原乳

复原乳又称"还原乳"或"还原奶"，是指以乳粉为主要原料，添加适量水制成与原乳中水、固体物比例相当的液态乳制品。

5. 地方特色乳制品

地方特色乳制品是指使用特种生鲜乳（如水牛乳、牦牛乳、羊乳、马乳、驴乳和骆驼乳等）为原料加工制成的乳制品，或具有地方特点的乳制品（如奶皮子、奶豆腐、乳饼和乳扇等）。

任务二 乳制品的制作

一、巴氏杀菌乳的制作

（一）概念

巴氏杀菌乳是指用新鲜的优质原料乳，经过离心净乳、标准化、均质、巴氏杀菌和冷却，以液体状态灌装，直接供给消费者饮用的乳制品。

（二）巴氏杀菌乳的制作工艺流程

收乳→冷却→净乳→标准化→均质→巴氏杀菌→灌装→冷链销售。

巴氏杀菌是杀菌乳制作过程中最关键的环节，国际上通用的巴氏杀菌方法主要有两种。一种是将牛奶加热到62～65 ℃，保持30分钟。采用这一方法，可杀死牛奶中各种生长型致病菌，灭菌效率可达97.3%～99.9%，经消毒后残留的只是部分嗜热菌、耐热性菌和芽孢等，这些细菌中占多数的是乳酸菌，而乳酸菌不但对人体无害反而有益健康。另一种是将牛奶加

热到 75~90 ℃，保温 15~16 秒，其杀菌时间更短，工作效率更高。由于杀菌温度较低，所以巴氏杀菌乳的口感较纯正，营养价值损失较少。

二、UHT 灭菌乳的制作

（一）概念

超高温瞬时灭菌又称为 UHT（Ultra High Temperature）灭菌，是指牛乳在连续流动的状态下通过热交换加热至 135~150 ℃，在此温度下保持 2~8 秒进行灭菌，从而使牛乳达到商业无菌的要求。然后将这种超高温灭菌后的牛乳在无菌条件下灌装于无菌的利乐包装中。我们将这种牛乳称之为 UHT 灭菌乳，这种灭菌乳无须在 10 ℃ 以下冷藏保存，保质期可达 6 个月。

（二）UHT 灭菌乳的制作工艺流程

原料乳验收→原料乳冷却储存→净乳→标准化→冷却储存→预热→均质→UHT 灭菌→冷却→灌装→入库。

1. 原料乳冷却储存

牛乳被挤出后，马上冷却到 4 ℃ 以下，并在此温度下进行保存。如果冷却环节中断，牛乳中的微生物将开始繁殖，并产生酶类，使牛乳的质量下降。乳品厂在收购牛乳时应进行常规检验，对于不合格的奶应不予收购。

乳品厂家收购原料乳后，通常用板式冷却器冷却到 4 ℃ 以下，储存到储奶罐中，在储奶罐中将牛乳适当进行搅拌，使牛乳温度一致，避免脂肪上浮。

2. 净乳

原料乳使用净乳机净乳，净乳机的工作原理为离心分离。牛乳进入离心机后，在离心机的作用下，牛乳中高密度的固体杂质被迅速地向分离机外周抛出，进入净乳机沉渣室，当沉积一定的淤渣后，开放排渣口排除沉渣。

净乳可清除乳中的机械杂质，如饲料碎屑、红细胞、白细胞、牛体细胞碎片和细菌团块等。净乳工艺可保证产品的杂质度在标准范围内，保证乳品质量。

3. 标准化

标准化的目的是为了确定产品的脂肪、蛋白质和总乳固体的含量，保证达到企业标准，以满足不同消费者的需求。原料乳受季节、饲料等影响，脂肪、蛋白质等含量变化较大，标准化可使产品质量保持稳定。

4. 均质

均质（见图 4-57）是指对脂肪球进行机械处理，使它们变成较小的脂肪球，均匀一致地分散在牛乳中。均质的目的是使乳中的脂肪球细微化，减缓脂肪球上浮，改善产品的黏度。其原理是牛乳以高速通过均质头中的窄缝，对脂肪球产生巨大的剪切力，使脂肪球变形、伸长和粉碎。原料乳在 26 MPa 压力下均质，脂肪球直径从 2.86 微米降到 0.27 微米。

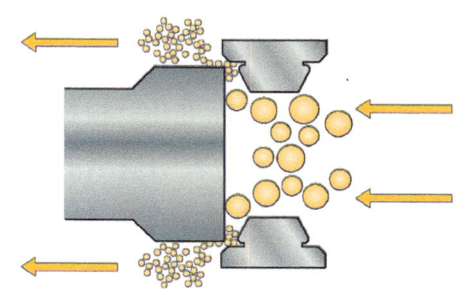

图 4-57 均质

均质后，脂肪球的上浮速度明显下降，不易形成稀奶油层，除脂肪均匀分布外，其他如维生素 A 和维生素 D 也呈均匀分布，促进了乳脂肪在人体内的吸收和同化作用，且可降低脂肪的氧化作用。

5. UHT 灭菌

将牛乳在连续流动的状态下通过热交换器加热至 135～150 ℃，加热 2～8 秒使其达到商业无菌要求。UHT 灭菌如图 4-58 所示。

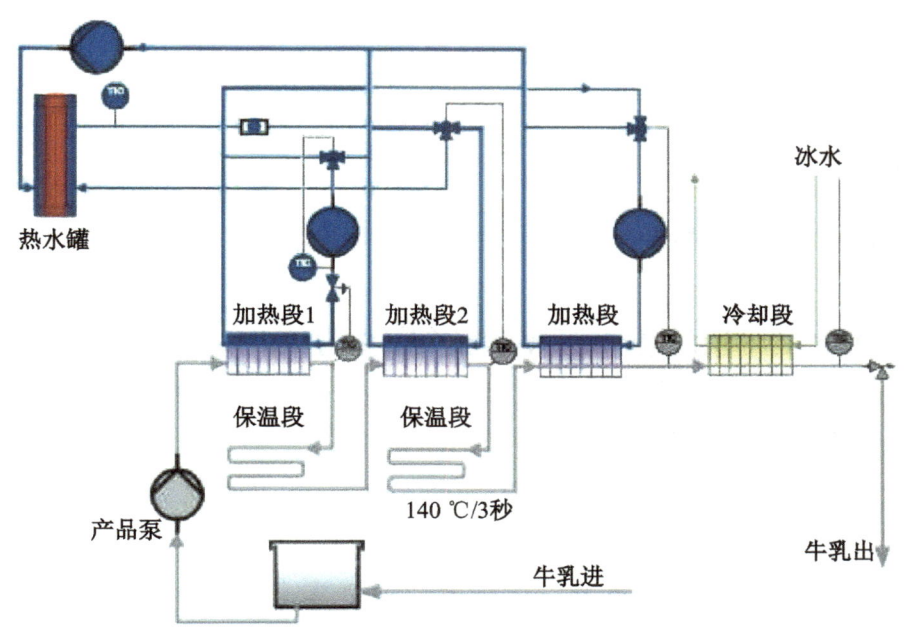

图 4-58 UHT 灭菌

三、酸乳的制作

酸乳的制作工艺流程：原料奶验收→预热→配料、标准化→均质→杀菌→冷却→接种→发酵→冷却→灌装→检验→出厂。其工艺要点如下。

（一）原料奶验收

使用符合质量要求的新鲜乳、脱脂乳或再制乳为原料。抗菌物质检查应为阴性，因为乳酸菌对抗生素极为敏感，原料乳中微量的抗生素都会使乳酸菌不能生长繁殖。

（二）配料

为提高干物质含量，可添加脱脂乳粉进行标准化。根据国家标准，酸乳中全乳固体含量为 11.5% 左右，蔗糖加入量小于 10%。有试验表明适当的蔗糖对菌株产酸是有益的，但浓度过高，不仅抑制了乳酸菌产酸，而且还提高了生产成本。

（三）均质

配料后，进行均质处理。均质前将原料预热至 65 ℃，均质压力为 18～20 MPa。均质处理可使原料充分混合均匀，微粒变小，有利于提高酸乳的稳定性和稠度，并使酸乳质地细腻、口感良好。

（四）杀菌及冷却

均质后的原料以 95 ℃进行杀菌，其目的是杀死病原菌及其他微生物，使乳中酶的活力钝化和抑菌物质失活，使乳清蛋白热变性，改善牛乳作为乳酸菌生长培养基的性能，改善酸乳的稠度。

杀菌后的原料应迅速冷却到 42 ℃左右，加入发酵剂以利于乳酸菌的生长。

（五）接种

将活化后的混合生产发酵剂充分搅拌。根据发酵剂的活力，以适量比例加入，一般加入量为 3%～5%。加入的发酵剂不应有大凝块，以免影响成品质量。制作酸乳常用的发酵剂为保加利亚乳杆菌和嗜热链球菌的混合菌种，其比例通常为 1:1；也可用保加利亚乳杆菌与乳酸链球菌搭配。研究证明，以前者搭配效果较好。此外，由于菌种的生产单位不同，其杆菌与球菌的活力也不同，在使用时其配比应灵活掌握。

（六）发酵

发酵时间因菌种而异。用保加利亚乳杆菌和嗜热链球菌的混合发酵剂时，温度保持在 41～44 ℃，培养时间为 4～8 小时（3%～5%的接种量）。一般发酵终点可依据如下条件来判断：滴定酸度达到 70 °T 以上；pH 值低于 4.6；表面有少量水痕。发酵应注意避免震动，否则会影响其组织状态；发酵温度应恒定，避免忽高忽低；掌握好发酵时间，防止酸度不够或过度及乳清析出。

（七）冷却与后熟

发酵好的酸乳，应立即冷却至 20～25 ℃，迅速抑制乳酸菌的生长，以免继续发酵而造成酸度过高。在冷藏期，酸度仍会有所上升，同时，风味成分双乙酰含量会增加。试验表明冷却 24 小时，双乙酰含量达到最高，超过又会减少。因此，发酵后须在 4 ℃左右贮藏 24 小时再出售，通常把该贮藏过程称为后熟，一般最长冷藏期为一个星期。

实操案例

实操案例 酸奶的制作工艺

视频讲解

一、工具设备

酸奶杯、发酵盒、不锈钢盆、醒发箱、冰箱、电磁炉、搅拌器和浇筑器等。

二、材料及配方

牛奶 500 克、菌种 1 包、白砂糖 50 克。

三、制作流程

酸奶的制作流程如图 4-59 所示。

① 准备设备、材料　　② 所有工具加热消毒　　③ 盆中倒入牛奶

④ 加入白砂糖　　⑤ 加热搅拌至糖溶解　　⑥ 倒入发酵盒，发酵冷却

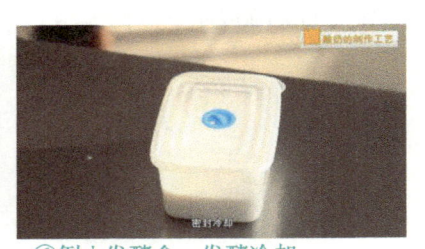

⑦ 冷却后的牛奶加入菌种搅拌均匀　　⑧ 注入酸奶杯　　⑨ 盖上盖子

图 4-59　酸奶的制作流程

⑩发酵：40 ℃，12 小时　　　　　　　　　　　⑪牛奶呈凝固状即可

图 4-59　酸奶的制作流程（续）

四、注意事项

（1）尽量选择放牧原生的纯牛奶，不要选择脱脂或低脂的牛奶及奶粉。

（2）制作前一定要用开水消毒工具，包括搅拌的勺子和酸奶机的盖子，起到杀菌的作用。

（3）牛奶不要太凉，如果很凉就要延长发酵时间。

（4）菌种一定要冷冻保存。

（5）可以先倒入一半的牛奶，然后慢慢倒入菌种，过程中要不停地搅拌，确保搅拌均匀后，再倒入剩下的牛奶，再次不停地搅拌。

（6）发酵期间最好不要打开盖子，发酵大概 12 个小时。

（7）发酵好后冷藏 8 个小时口感更好。

五、成品评判指标

酸奶的成品特征是呈乳白色或淡黄色，凝块结实，均匀细腻，无气泡，允许有少量乳清析出，具有鲜奶经发酵后的乳香和清香的乳酸味。

知识小练

一、填空题

1. _____是指将畜禽肉经腌制、酱渍、晾晒（或不晾晒）和烘烤等工艺制成的生肉类制品，食用前需经熟加工。

2. 酱卤肉制品是指将畜禽肉加调料和香辛料，以水为加热介质，煮制而成的熟肉类制品。有_____、_____和_____。

3. _____是指将畜禽肉经腌、煮后，再以烟气、高温空气、明火或高温固体为介质，干热加工制成的熟肉类制品，包括烟熏肉类和烧烤肉类。_____、_____和_____三种作用往往互为关联，极难分开。以烟雾为主者属_____；以火苗或以盐、泥等固体为加热介质煨制而成者属_____。

二、判断题

1. 肉脯是指将瘦肉经绞碎、调味、腌制、摊筛、烘干和烤制等工艺制成的薄片型肉制品。（　　）

2. 油酥肉松与肉粉松的主要区别在于，前者添加了较多的谷物粉，故动物蛋白的含量低。（　　）

3. 帕尔马火腿和宣威火腿是熏煮火腿类。（　　）

4. 称为肠类制品的必要条件只需满足充填入肠衣即可。（　　）

三、简答题

1. 何为肉制品？
2. 肉制品是如何分类的？

参考文献

[1] 江建军. 食品工艺[M]. 北京：高等教育出版社，2002.

[2] 武建新. 乳制品生产技术[M]. 北京：中国轻工业出版社，2000.

[3] 赵晋府. 食品工艺学：第2版[M]. 北京：中国轻工业出版社，1999.

[4] 路建峰. 休闲食品加工技术[M]. 北京：中国科学技术出版社，2020.

[5] 魏玮，等. 焙烤食品加工技术[M]. 北京：中国轻工业出版社，2020.

[6] 刘科元. 蛋糕裱花创意[M]. 北京：化学工业出版社，2008.

[7] 高海燕，等. 中式糕点生产工艺与配方[M]. 北京：化学工业出版社，2016.

[8] 曾洁. 月饼生产工艺与配方[M]. 北京：中国轻工业出版社，2009.

[9] 马涛. 糕点生产工艺与配方[M]. 北京：化学工业出版社，2008.

[10] 于海杰. 焙烤食品加工技术[M]. 北京：中国农业大学出版社，2017.

[11] 田晓玲. 焙烤食品生产[M]. 北京：化学工业出版社，2017.

[12] 李国雄. 点心王中王丛书：焙烤[M]. 长沙：湖南美术出版社，2010.

[13] 孟宪军. 果蔬加工工艺学[M]. 北京：中国轻工业出版社，2020.

[14] 崔波. 饮料工艺学[M]. 北京：科学出版社，2020.

[15] 浮吟梅，等. 肉制品加工技术：第2版[M]. 北京：化学工业出版社，2016.

反侵权盗版声明

电子工业出版社依法对本作品享有专有出版权。任何未经权利人书面许可，复制、销售或通过信息网络传播本作品的行为；歪曲、篡改、剽窃本作品的行为，均违反《中华人民共和国著作权法》，其行为人应承担相应的民事责任和行政责任，构成犯罪的，将被依法追究刑事责任。

为了维护市场秩序，保护权利人的合法权益，我社将依法查处和打击侵权盗版的单位和个人。欢迎社会各界人士积极举报侵权盗版行为，本社将奖励举报有功人员，并保证举报人的信息不被泄露。

举报电话：（010）88254396；（010）88258888
传　　真：（010）88254397
E-mail：　dbqq@phei.com.cn
通信地址：北京市万寿路 173 信箱
　　　　　电子工业出版社总编办公室
邮　　编：100036